高效迭代

高手的自我进化方法论

冯起升 著

天地出版社 | TIANDI PRESS

图书在版编目（CIP）数据

高效迭代 / 冯起升著. —成都: 天地出版社，2019.9
ISBN 978-7-5455-4952-2

Ⅰ.①高⋯ Ⅱ.①冯⋯ Ⅲ.①成功心理－通俗读物
Ⅳ.①B848.4-49

中国版本图书馆CIP数据核字（2019）第101479号

GAOXIAO DIEDAI

高效迭代

出 品 人	杨　政
作　 者	冯起升
责任编辑	王　絮
内文图片	CFP
装帧设计	今亮后声 HOPESOUND　pankouyugu@163.com
责任印制	葛红梅

出版发行	天地出版社 （成都市槐树街2号 邮政编码：610014） （北京市方庄芳群园3区3号 邮政编码：100078）
网　 址	http://www.tiandiph.com
电子邮箱	tianditg@163.com
经　 销	新华文轩出版传媒股份有限公司
印　 刷	北京文昌阁彩色印刷有限责任公司
版　 次	2019年9月第1版
印　 次	2019年9月第1次印刷
开　 本	710mm×1000mm 1/16
印　 张	17.25
字　 数	249千字
定　 价	45.00元
书　 号	ISBN 978-7-5455-4952-2

版权所有◆违者必究

咨询电话：(028)87734639（总编室）
购书热线：(010)67693207（营销中心）

本版图书凡印刷、装订错误，可及时向我社营销中心调换

推荐语

▶ **李 冬**

领导力测评专家
曾任世界五百强企业亚太区总裁助理

这个世界充满了不确定性。抓住机会，顺势而为是最重要的，但更加务实、可行的做法不是追风，而是用自己的超级确定性来对冲外界的不确定性。

冯老师的书，正是这样一本提升个体确定性的小书。

说是小书，是因其不高谈阔论，不坐而论道，并且书中随处可见作者经过实践验证且行之有效的模型和工具。

追根溯源，寻根究底，不断体察与剖析外部职业世界，不断进行自我高效迭代，拓宽个体边界，人生的道路一定会越走越宽。

▶ **敬 嵩**

西南财经大学公共管理学院副教授

剧烈变化的时代，高效迭代的不仅有产品，还有个体的思考认知。《高效迭代》中有很多鲜活的案例，站在时代前沿，为读者提供了分析职业生涯的新颖视角，有助于读者认识自我，打造个人 IP，是信息爆炸时代不可多得的用心之作。

▶ **余　璇**　上海交通大学博士后
　　　　　重庆工商大学副教授

真正的高手是会迭代自己的人生算法的。《高效迭代》正是一部让你高效迭代、不断进阶、实现人生算法最大效用的必学必看宝典，推荐此书给每一位积极寻求上进的年轻人！

▶ **刘　春**　9-best 创始人
　　　　　前程无忧西南地区前培训负责人

做培训那么多年，我发现，优秀的人都会进行自我迭代和认知升级。而在现实生活中，很多人的自学能力是不足的，思维僵化，困于自我和现实的牢笼，找不到有效突破点。这本书帮助年轻人打开了自我提升的大门，可帮助他们更好地走出迷茫，真正实现自我的高效迭代！

▶ **徐　剑**　鼎世咨询创始人
　　　　　伦敦大学学院心理学硕士

人的成长和职业的发展是有规律可循的，冯老师这本书聚焦于职业生涯发展和人力资源开发，帮助大家拨开职业规划的迷雾，挖掘职业发展的根源，并从人力资源开发的内在逻辑剖析自我迭代的高效路径。在此真诚推荐给大家！

▶ 刘婉琪

人工智能独角兽公司
薪酬绩效主管

感谢互联网，让我与冯老师相识。初见冯老师，我便感觉相见恨晚，心里一直想着如果能早点遇到冯老师，我在专业学习和职业选择上一定会少走很多弯路。

冯老师独特的"识人术"让人佩服，所以我一直期待着冯老师能够出本书，指导一下正在迷茫中的学生和迷失方向的职场人。如今，此书终于问世。

我有三点非常强烈的感受：第一，如果我在本科或者研究生阶段就能看到本书，我一定按照冯老师书中提到的"大五人格理论"对自己进行深度解析，真正认清自己，然后结合霍兰德职业性格测试进行择业；第二，如果在刚毕业时就能看到这本书，我会根据冯老师的方法先选择行业，再选择组织，最后选择职业（岗位），我相信，这会让我当时的择业方向更清晰；第三，我是在职场工作三年后看到的此书，书中的很多观点，我都有共鸣，同时，我也会根据此书提供的方法继续做职场规划，争取早日实现自己的职业价值和财富自由。

本书结合实际案例，有理论有方法，通俗易懂，是人生路上不可或缺的指导书。希望看到本书的你能从中梳理出适合自己的方法，用最短的时间实现自我的高效迭代。

▶ **王玉梅**　金融行业猎头公司猎头顾问

我是金融猎头顾问,当初毕业求职的时候,我有幸接受过冯老师的辅导。工作几年之后,我的感触尤为深刻。现在,我每天都能接触到年薪百万甚至千万的候选者,这些顶尖的候选者都有共同的特征。我发现,冯老师恰好以深厚的专业功底和敏锐的洞察力总结出职场顶尖人士的关键特质,并形成了自己的系统方法论。尤为难得的是,冯老师在书中还清晰地指出了自我认知升级和高效迭代的成长路径。若能做到知行合一,我们一定会受益匪浅!

▶ **唐体清**　四川农业大学人力资源专业学生
　　　　　　北京市写作协会会员

冯老师帮我梳理出系统的职业规划与进阶方法论,将个人发展纳入社会、行业、组织、职业(岗位)之中,并进行了深入剖析,这给了我很大的帮助。我很高兴能够看到这些智慧凝结成册。

自序

剧烈变化的时代
高效迭代的个体

地球诞生46亿年了，但直到2亿年前地球还是蛮荒一片。我们的祖先智人直到几十万年前才出现，至于文明时代，则是约6000年前才到来，然后又是缓慢的历史进化期。

200多年前，随着第一次工业革命的悄然进行，人类历史进入了飞速发展的时期。近30年来，世界取得的科技成果已经远远超过以往所有历史时期的总和。

至于我们国家，改革开放40多年来所发生的变化用"翻天覆地"来形容再贴切不过了。甚至是10年前，我们都很难想象，智能手机会如此普及，共享单车随处可骑，买东西不再掏钱，只需掏出手机扫一扫即可付款……现在，天涯不过是咫尺之遥，不像从前，车、马、邮件都很慢。

随着时代的剧烈变化和技术的日新月异，人与人之间的差距也日益明显——家庭、环境和经历的不同，使得人与人之间的认知、能力与发展产生了巨大的差距。

有部电影，叫《雄狮》。

影片根据真实故事改编而来。5岁的萨罗在印度的火车站与哥哥走散，历经磨难后被一对澳大利亚夫妇领养。25年后，仍旧放不下对家乡思念的萨罗开始凭借儿时模糊的记忆寻找家人。

人还是那个人，为何25年之后就如同脱胎换骨一般发生了巨大的变化呢？

那是因为环境和认知发生了改变。

出生在印度贫穷家庭的萨罗从小就去讨生活了，甚至还和哥哥一起去偷煤，偷回来的煤，也只能换两袋牛奶。

可是，后来跑到了澳大利亚养父母的家里，情况就完全不一样了。萨罗从此不用再担惊受怕，不会吃了上顿没下顿，还有了更多的娱乐和休闲活动。后来，他在澳大利亚长大成人，还上了大学。

他也因此得以利用现代化科技知识，并通过从多方渠道搜集的信息，以及自己的逻辑分析，逐渐找到了自己的出生地。

而一直留在印度的妹妹，人生轨迹则截然不同，你看到那个场景自然就能感受到了。

可以想象，如果没有这种环境的转变和认知的转变，主人公的命运几乎可以肯定和他妹妹是一样的。

无独有偶，现实世界中还真有类似的观察和实验。

英国BBC曾经拍摄了一部纪录片，导演选择了14个来自不同阶层的孩子进行跟踪拍摄，并且每 7 年进行一次记录。从 7 岁开始，一直持续到他们 56 岁的时候。

最终的结果似乎也印证了导演最初的设想：社会阶层是道难以逾越的鸿沟，富人的孩子依然是富人，穷人的孩子多半也还是穷人。

在他们 56 岁的时候，当初那几个精英家庭的孩子都按照最初的设想和规划上了名校，毕业后顺理成章地从事好的职业，过上了令人羡慕的优越生活；中产阶级的男孩也读了大学，过着平淡且恬静的生活；而那几个来自底层社会的孩子，极少有能上大学的，最后都是从事普通的服务性工作，收入低廉，甚至常常面临失业的危险。

电影《雄狮》里的主人公也好，纪录片中的诸多小男孩、小女孩也罢，寻根究底，真正决定他们一生的无非是两大因素：环境（位置）与能力（认知）。

偏偏这两者又是互为因果的，而且很可能会形成一个封闭的循环，让人很难从中跳脱出来：一方面，因为环境和资源的限制，使自己的认知和能力难以突破和提升，就像 BBC 纪录片中，7 岁时，来自上层精英家庭的孩子约翰和安德鲁每天都在看《金融时报》和《观察家》，而穷人家的孩子唯一的希望就是有机会见到自己的爸爸，甚至吃饱饭、少被罚、少被打都成了他们的愿望；另一方面，又因为认知和能力不足，让人始终摆脱不了环境的限制，所以，从小受到良好教育的精英家庭的孩子可以一路上好中学、好大学，并拥有一个好的职业，而来自底层社会的孩子则是经常与辍学和失业相伴，很难在这个社会中占据一个好的位置。

互联网的出现在一定程度上打破了这种环境和资源的限制：一旦我们"开窍"了，我们就能够对自己和所处的环境进行深入的分析，并在此基础上形成自己的能动性，自动自发地努力提升自己并改变外在环境，逐渐改变命运，最终实现自我的"高效迭代"。

但怎样才能"开窍"，又如何才能进行自我的高效迭代呢？

本书的内容和逻辑就是围绕这个问题而展开的。

第一章　高维视野——找到你的支点：直面现实世界收入和发展的本源问题，对贫穷的原因和收入的决定性因素追根溯源，带领读者掌握职业世界的根本逻辑，引导读者充分利用职业分析的方法与技巧，拨开职业发展的重重迷雾，对职业抉择与规划等展开详细分析，使之科学、合理且又动态、高效。

第二章　深度思考——武装你的头脑：从个体人力资源的根本因素出发，对优秀年轻人的特质进行详细分析，提炼出个人职业发展的根本路径，并从卓越思考的技巧、科学研究思维等出发，引导读者明晰自身能力培养路径、建构自身的知识体系，真正形成自己的核心竞争力。

第三章　情绪掌控——从自省自察走向自我管理：性格是我们学习和发展的基础与支撑因素，这一章用通俗易懂的语言，诠释大五人格理论，引导读者对自己的性格进行剖析，并在此基础上进行自我测评与提升，为个体高效迭代提供前行的动力。

第四章 能力进阶——挑战本能，打破固有偏见：结合职业实践，在职业生涯发展的初期，从职业心态和角色意识入手，打破刻板印象和观念，真正做好时间管理和人脉管理等，尽可能在转变理念的同时提升能力。

第五章 抢占先机——打造独特的个人品牌：讲述了职业生涯如何突围进阶，如可以通过转变认知，从专业或技术走向管理，打破职业发展的"瓶颈"，实现转型与蜕变。同时，结合互联网营销与自媒体写作秘诀，讲述在这个个体崛起的时代，如何抢占先机，打造独特的个人品牌。

真正厉害的人，都已找到在这个不确定的世界里快速迭代的方法论。而真正发生剧烈变化的，不是人类世界的总知识，而是个体思想的边界。

"心之何如，有似万丈迷津，遥亘千里。其中并无舟子可以渡人，除了自渡，他人爱莫能助。"

一个人真正的成长，就是不断自我进化。希望通过贯穿于全书的批判性思考，读者能够更好地对这个职业世界形成清醒而深刻的认知，并在思维、性格和知识技巧等方面得到全面提升，最终实现自我的高效迭代。

最后，以美国诗人罗伯特·弗罗斯特的《未选择的路》与读者共勉。

未选择的路

黄色的树林里分出两条路，
可惜我不能同时去涉足。
我在那路口久久伫立，
对着一条路极目望去，
直到它消失在丛林深处。

但我却选择了另一条路，
它荒草萋萋，十分幽寂，
显得更诱人，更美丽；
因为它充满荆棘，
很少留下旅人的足迹。
虽然那天清晨落叶满地，
两条路都未经脚印污染。

啊，留下一条路等改日再见！
但我知道路径延绵无尽头，
恐怕我难以再回返。

也许多少年后在某个地方，
我将轻声叹息将往事回顾：
一片树林里分出两条路，
而我选择了人迹更少的一条，
从此决定了我一生的道路。

目 录 | CONTENTS

自序 ▸ 剧烈变化的时代，高效迭代的个体 _1

第一章 · 高维视野——找到你的支点

寻根究底 ▸ 什么决定了你的收入和待遇 _ 002
　　　　　　——决定收入的根本因素

认知突围 ▸ 跳出思维框框，洞察职业真相 _ 007
　　　　　　——职业世界的分析逻辑

职业分析 ▸ 摆脱职业迷茫，你只需要四步 _ 020
　　　　　　——缩小范围，信息收集，学会"勾搭"，职业人士访谈

理想现实 ▸ 兴趣和职业，究竟该如何抉择 _ 036
　　　　　　——霍兰德职业兴趣理论

以终为始 ▸ 让将来的你感激现在的自己 _ 045
　　　　　　——怎样的职业抉择才能真正通往幸福

圈里圈外 ▸ 最靠谱的职业规划是这样的 _ 052
　　　　　　——职业规划的逻辑

第二章 · 深度思考 ——武装你的头脑

| 思想深度 | ▶ | 为什么有些人年纪轻轻，思想深度却远超常人 _ 062
——个体高效迭代的逻辑 |

| 卓越思考 | ▶ | 掌握这些规则，让你的思考从本能进化为技能 _ 070
——卓越思考的八大标准与三大层次 |

| 系统思考 | ▶ | 用科学研究思维，提升我们的竞争力 _ 082
——高效问题解决策略的核心逻辑 |

| 厚积薄发 | ▶ | 怎样的阅读，才能真正产生价值 _ 095
——通过高效阅读，培养一种好的思考方式和习惯 |

| 能力公式 | ▶ | 为何听了很多道理，依然过不好这一生 _ 105
——关于认知的提升、技能的习得及其深层次的支撑因素 |

第三章 · 情绪掌控 ——从自省自察走向自我管理

| 性格评估 | ▶ | 如何全面了解与评估自身的性格 _ 120
——浩瀚如海、包罗万象的大五人格理论 |

| 情绪智力 | ▶ | 洞察情商真相，提升自我情商 _ 129
——读懂情绪，掌握方法，培养慧心 |

| 内向生长 | ▶ | **性格内向的人如何打通自己的职业成长通道** _ 145
—— 发挥内向性格的本来优势 |

| 大道至简 | ▶ | **价值百万的人际交往秘诀** _ 150
—— 获得高质量人脉的不二法门 |

| 职业分析 | ▶ | **打破职业刻板印象，发掘你的动机和力量** _ 155
—— 找准一个领域，持续耕耘、积累和提升 |

第四章 · 能力进阶 —— 挑战本能，打破固有偏见

| 求职秘诀 | ▶ | **招聘官不会告诉你的"套路"** _ 162
—— 人才评价与选拔的"套路"，助你自我评估 |

| 转变意识 | ▶ | **走出职业发展的迷茫期** _ 174
—— 对自己的职业发展真正负起责任来 |

| 角色蜕变 | ▶ | **从校园人变身职业人** _ 177
—— 打破职业幻想，厘清发展方向，明晰不同阶段的提升需求 |

| 差距本质 | ▶ | **毕业后，不同人的差距是如何形成的** _ 184
—— 内部归因、成就动机与人际关系中利益的处理 |

| 正本清源 | ▶ | **时间管理的真正秘诀** _ 189
—— 激发动力并找到实现目标的靠谱方法，掌握时间自主权 |

| 勇往直前 | ▶ | **水至清则无鱼，人自荐则无敌** _ 200
—— 主动结识关键人物，根据对方需求展示自身长处 |

第五章 · 抢占先机 ——打造独特的个人品牌

自我突破 ▶ 成为管理者，是有路可循的 _ 208
—— 提升管理技能，认识客观世界的运作法则

人才选拔 ▶ 与其教一只火鸡爬树，不如找一只松鼠 _ 213
—— 人才选拔的核心，是去看人的深层次特质

职场进阶 ▶ 提升你的领导方法和艺术 _ 227
—— 工作指导五步骤及有效授权的艺术

高效沟通 ▶ 一种很酷很有用的沟通学问 _ 236
—— 提高个体沟通力的九步 CT 脱困法

弯道超车 ▶ 利用"互联网+"，打造自己的品牌 _ 245
—— 如何通过写作和输出等自我营销，实现弯道超车

终身成长 ▶ 批判性思考与终身职业生涯发展 _ 257
—— 思维方式和性格特质是人与人之间最根本的差别

第一章 高维视野 ▶ 找到你的支点

阿基米德说过:"给我一个支点,我就能撬起整个地球。"我们不需要去撬地球,但我们要去改变自身命运的轨迹,这同样需要找到适合自己的支点或平台。唯有跳出思维框框,洞察职业的真相,我们才能找到一个适合自己的支点,并借此走好高效迭代的第一步。

什么决定了你的收入和待遇
—— 决定收入的根本因素

什么决定了你的收入和待遇呢?

一问这个问题,很多人就会脱口而出:能力。

也有人呵呵一笑:能力算什么,关系才是王道。

学历、学校、专业、能力、关系……似乎众说纷纭,没有标准答案。

两只老鼠,两只老鼠,跑得快

战国末年,有个年轻人,在老家当上了地方上的小官,收入微薄。

有一天,他在茅厕里看见几只老鼠。它们干瘦干瘦的,瑟瑟发抖,一有人来就慌慌张张地四下奔逃,看着十分可怜。

后来,他到仓库里办事,又见到了仓库里的老鼠。它们躲在粮仓里,吃得圆滚滚的,而且粮仓四面都有围墙,可遮风避雨,甚至有人来了,老鼠们也不恐慌,一个个气定神闲,十分自在。

晚上躺在床上,年轻人思来想去怎么也睡不着。他从厕鼠和仓鼠的不同境遇想到自己的处境:原来命运竟这样无力地依附于环境,犹如这些老鼠一样，人与人的命运岂不也是深受环境的影响和禁锢！

他下定决心，要当仓鼠，而不是当一辈子厕鼠。

不久他投到荀子门下，学习帝王之术，后来终于修成正果，扬名立万。

他就是秦朝丞相李斯，著名的政治家、文学家和书法家，其协助秦始皇一统天下。

仓鼠和厕鼠，本质上都是老鼠，为何会有如此大的差距呢？

获诺奖的科学家不如演员，是社会畸形的体现吗？

2015年10月，屠呦呦和黄晓明这两个八竿子打不着的人被搅和在了一起，原因是：屠呦呦获得了诺贝尔奖，但奖金只有300万元人民币，而黄晓明的婚礼费用据说高达两个亿。

于是一篇以《黄晓明PK屠呦呦：一生努力敌不过一场秀》为题的文章火了，大意是：当黄晓明挥金如土、婚礼奢华，费用达两个亿的时候，诺奖得主屠呦呦呕心沥血、一生奉献，奖金却只有300万元，这不禁让人觉得难以接受。

这篇文章还表示公平公正的收入价值体系遭到了破坏。

对于这点，我却不认同。

事实上，他们的收入恰恰是市场化的结果，不存在什么不公平——黄晓明婚礼的花费大多来自赞助商，是他们心甘情愿的，因为这能给他们带来收益。

如果非要归因的话，还是上文所讲的，他们所处的位置不同：不同的职业和行业，以及市场化背景下的收益分配，仅此而已。

决定收入的根本因素

要想了解决定收入的根本因素，就必须了解市场经济。市场经济是自由、公平、产权明晰的经济，它的一个重要特征就是自由交换。

既然是自由交换，那么你的收入一定是取决于你的贡献，即你能给别人带来多大价值。

那么，一个人的贡献又取决于什么呢？

取决于你所处的位置和你在这个位置上的绩效（表现），二者缺一不可。

这里的位置，指的是行业、组织和岗位。具体来说，包括行业利润情况，组织发展阶段、经营情况以及岗位价值。

比如，如果你的公司处于行业领先地位，那你的收入一般是要高于平均水平的。

除了行业和组织，决定你收入的最直接因素就是岗位价值了。

岗位价值体现在以下两个方面：岗位层级和岗位类别。

岗位层级就不用说了，级别越高，一般来说价值就越大。

岗位类别有很多，我们可以简单划分为直接创造价值的和支持辅助的两大类。比如，销售、研发属于直接创造价值的，行政、后勤、出纳属于支持辅助类的，所以前者收入一般高于后者。

当然，并不是人力资源部门或者财务岗位就不能创造价值。大公司或者管理规范、专业性要求较高的公司，它们的人力资源部门也创造价值；资金要求高的公司，与财务相关的高层管理岗位更是创造价值的。

另外，同样的岗位，不同人的收入也可能有差异，典型代表就是销售，业绩好，收入就高，这就和你的能力以及个人资源有关了。

你也可以自己创业，但本质上还是这个逻辑——你的收入还是取决于你所在的行业和企业经营状况，你的岗位当然是价值贡献最大的。

这就是决定收入的根本逻辑，其他的诸如学校、学历、专业、成绩等都是间接因素，而非直接决定因素。

一位芝加哥大学的教授的演讲——《大学教育的目的》，说的也是这个道理。

对你未来的预测不是由大学的声望决定的，而是一些其他因素，主要是那些决定你能否来这所大学的因素：个人才能、以前干过什么、父母所提供的资源等（包括社会资源和智力资源）。

唯一一个跟未来世俗的成功有点关系的变量是你的主修专业，但是这种影响大部分源自主修专业和职业之间的联系。

真正对世俗的成功有影响的因素是职业。

你成功的程度取决于你的职业选择，而职业也跟你在这里干些什么以及干得怎么样没有关系。

有些专业的学生会比别人稍稍更有可能进入某些特定的行业，但是没有任何专业被排除出去，没有任何必然的路径存在。

一定程度的财务自由

图 1-1 就是市场经济条件下，收入待遇的决定性因素。

收入 = 位置 + 绩效

位置 = 行业 + 组织 + 职业 + 岗位

绩效 = 能力 + 关系

图 1-1　决定收入的决定性因素

可以说，如果一个人有了自主的意识，积极向上，不断提升自己的思考分析能力，进入一个不算差的行业和组织，找到一个有挑战性的、能创造价值的岗位，持之以恒，提升自己的专业能力和综合能力，上升一两个台阶还是很有可能的。

其实，人活一辈子，在一定程度的财务自由的基础上，只需做自己，开开心心就好。

跳出思维框框，洞察职业真相
—— 职业世界的分析逻辑

很多人对自己的发展感到迷茫，他们不知道这个职业世界究竟是怎样的，也不懂得如何去着手分析与了解。

因为这个职业世界确实相当复杂，对大多数人来说，从小父母只告诉他们要好好学习，考上大学找份好工作；至于怎样更好地学习，怎样科学规划，很显然超出父母的能力范围了。

如果这些孩子没上过大学，或者考上的是很一般的大学，学的是一个普通得不能再普通的专业，身边又缺乏榜样和指导，确实很容易陷入迷茫。

要更好地洞察职业真相，我们需要跳出"一个萝卜一个坑"的思维框框，要见树木，也要见森林，从更宽广的视角来分析。

如图1-2所示，当我们找工作的时候：

1.和工作最直接相关的是"职业"或"岗位"，我们在特定的岗位上从事某些活动、完成某项任务。

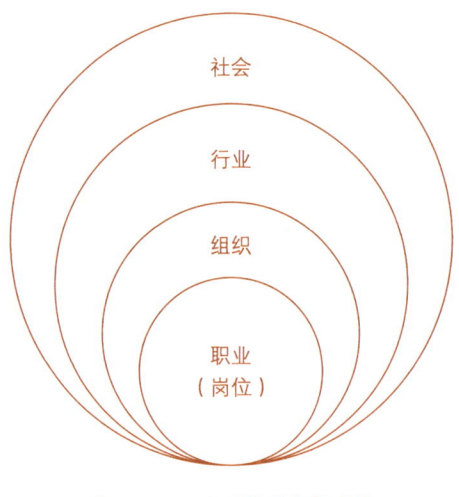

图 1-2　职业世界的分析逻辑

2. 职业或岗位是相对于某一特定组织而言的，许多类似的岗位则变成了职业。

3. 职位是组织中的岗位，组织则依托于行业。

4. 行业的构成与演变离不开更大的社会环境与背景。

接下来我们就从行业开始，一步步认识这个错综复杂的职业世界。关于行业所依托的社会环境与背景，则不再展开论述。

行业

有句古话是"隔行如隔山"。

古人的话是很有道理的，行业的选择和我们个人的发展息息相关。当然，现在，其实不论男女都怕入错行，不同行业从业者的薪酬、发展空间，甚至是生活方式都可能会很不一样。

一、怎样对行业进行分析

借助两个工具：一个是《国民经济行业分类》，另一个就是招聘求职网站行业分类。

1.《国民经济行业分类》

在我国 2017 年的《国民经济行业分类》中，共有 20 个门类、97 个大类、473 个中类、1380 个小类，如图 1-3 所示：

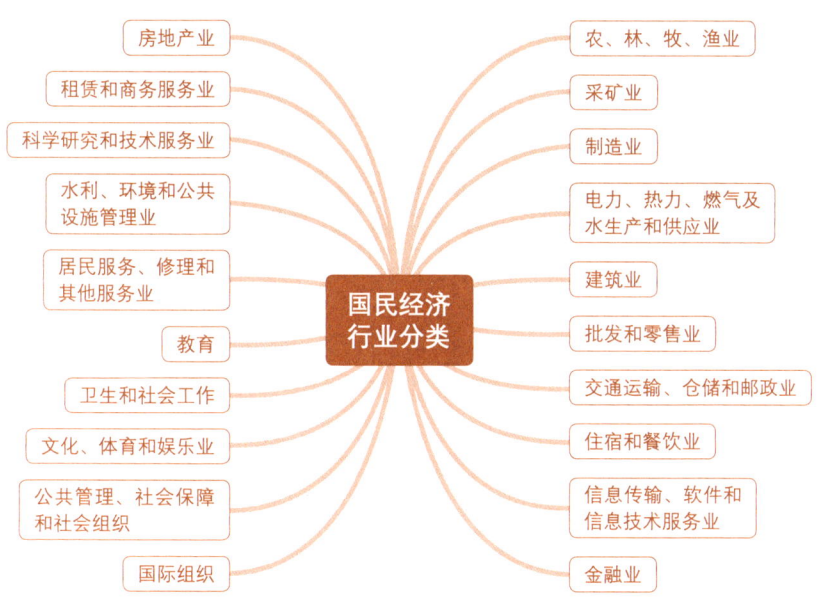

图 1-3 国民经济行业分类

2. 招聘求职网站行业分类

各大求职与招聘网站都有分行业的职位搜索引擎与工具（如图 1-4），不但可以很方便地进行行业分类与检索，还可以搜索相关的职位，了解常见的工资水平与范围。

二、如何选择行业

有关行业的选择,这里只提两个建议:1.选择那些对人力资源要求高,而且舍得花费金钱或投入成本的行业;2.选择与自己的性格相匹配的行业。

图 1-4 某招聘网站的行业分类

1. 选择那些对人力资源要求高，而且舍得花费金钱或投入成本的行业

最典型的如金融、IT、专业咨询、互联网、新媒体等，这些行业对人力资源要求较高，而且舍得花费金钱或者投入成本。

进入这样的行业，除了收入较高，一般还会有较大的学习和成长空间。你在里面可以较快地获得知识积累与技能提升，同时学习能力、抗压能力等也能得到提高，有利于长远发展。

反之，你进入一些对人力资源要求较低，且不舍得花费金钱或者投入成本的行业，除了收入偏低，一般也难以学到什么知识，而且发展前景也有限。更严重的是，你待久了，没有知识与技能的积累，跳槽都会很麻烦。

所以，从行业选择的角度来看，为了长远的发展，我们应当选择那些对人力资源要求较高的行业。这样一来，你才能不断地增值，而不至于当你年老体弱的时候，失去了竞争力，新入职者很快就能代替你。

2. 选择与自己的性格相匹配的行业

人活一辈子，幸福和意义才是终极目的，倘若选择了一个自己非常反感的行业，也是很痛苦的。

比如我，如果去从事白酒销售，我很可能会痛苦不堪：第一，我平时几乎滴酒不沾，极度厌恶喝酒应酬；第二，我不擅长这种与人拉关系和打交道的方式，且很反感。

反之，我在教育、培训和咨询行业，则有一种如鱼得水的感觉：第一，我相对善于分析、思考和引导他人，已有的经验也证明了这一点；第二，我比较喜欢这种与人交流和沟通的方式。

所以，重要的是找到一个和自己的性格相匹配的行业，而后在其中潜心耕耘和积累。只要你能给别人带来价值，解决别人的问题或者满足别人的需求，你自然就能在这个社会中占据一席之地。

组织

这里我们重点考虑组织的类型与企业的规模和发展阶段。

一、组织的类型

目前,我们国家的组织类型主要可以概括为三大类别,分别是政府部门、事业单位、企业。

1. 政府部门

国务院是最高国家行政机关。中国行政区域划分如下:全国分为省、自治区、直辖市;省、自治区分为自治州、县、自治县、市;县、自治县分为乡、民族乡、镇。

2. 事业单位

事业单位是指由政府利用国有资产设立的,从事教育、科技、文化、卫生等活动的社会服务组织。

事业单位一般是国家设置的带有一定公益性质的机构,但不属于政府机构。政府是国家进行统治和社会管理的机关,事业单位则是接受政府领导,带有一定公益性质的社会服务组织。

3. 企业

凡是以营利为目的、向市场提供产品或服务的组织都算企业。按照不同的性质,可以将企业划分为三大类,分别是外资企业、国有企业和民营企业。

(1)外资企业

这里的外资企业,主要是指一些优秀的欧美及日韩企业。

对于求职者来说,外企是个很不错的选择。

- **有竞争力的薪酬待遇**:一方面,外企的工资水平还是比较有竞争力的，因为它们很多都处于产业链顶端或拥有专利权、定价权，所以利润高；另一方面，欧美企业比较注重员工福利，尤其是欧洲的企业。

• **良好的工作环境和管理机制**：外企的办公环境较好，管理相对成体系，规章制度健全，流程规范。此外，外企有较为系统的培训和职业发展通道。

• **专业形象与职业素养**：就我接触的外企工作人员来看，他们专业形象较好，职业素养较高，确实普遍在礼仪、形象、谈吐、沟通表达等方面优于民企和国企的员工。

• **个人品牌的塑造**：进了外企，尤其是知名外企或者500强，借助相关的资历、经验和头衔，更有利于个人品牌的塑造。

外企肯定也有弊端，主要包括：

• **成为一颗漂亮的螺丝钉**：外企更多地依赖于制度和体系，分工相对较细，个人的重要性不那么明显。当然，这点其实并不是外企所独有的，很多大公司或发展成熟的企业都有这个特点。

• **职场发展与晋升受限**：既然是外企，总部多半在国外，所以起点高，但发展空间有限，即便在中国做到高层，也只能是某个区域或分支机构的负责人，很难进入核心机构。

• 对外语要求相对较高，对不少人来说还是有一定难度的。

（2）国有企业

国有企业，顾名思义，是指国家对其资本拥有所有权或者控制权的企业，国家的意志和利益在其中有重大影响，甚至起决定性作用。

国有企业可分为中央企业和地方企业，区别在于它们的资产：一个是中央政府监督管理，另一个则是地方政府监督管理。

在我国，国企的力量有多强呢？我们通过一些数据便可窥见：

中国企业500强前10名全部是国有企业，民营企业排行第一的华为，在中国企业500强排名第17位。2017年中国企业500强中，274家国有及国有控股企业上榜，占比为54.8%。这274家国有及国有控股企业的营业收入占比为71.83%，资产占比为86.19%，净利润占比为71.76%，纳税占比为85.87%。

——中国企业联合会、中国企业家协会

2017中国企业500强榜单

与之相对的是，美国的财富500强企业中，耳熟能详的如沃尔玛、苹果、亚马逊、微软等全是私营企业。

写到这里，大家应该能充分意识到国企的地位了，同时也能理解前面所讲的外企的"瓶颈"了吧。

国企的好处在于，有较稳定的收入和良好的福利保障，风险相对较低，同时员工整体素质也相对较高，为人处世遵循一定的规则，在国企还是可以学到不少东西的。

（3）民营企业

民营企业，指的是非外资的私营企业。

民营企业的优点在于：

- 机制相对灵活，自主性比较强。
- 多劳多得，民企老板按照你的贡献决定你的收入待遇。
- 经验积累相对较快，升职的机会相对也更多。

但是民营企业同样有其弊端，包括：

- 绩效考核要求比较高，工作压力比较大。
- 有些公司福利待遇较差，某些小民企连基本的"五险一金"都不齐全。

• 民营企业本身的风险比较大，经济危机一来，垮掉的一大批是民企，所以工作环境不稳定，下岗或失业的风险较大。

国企、外企、民企都有各自的特点与风格，其实最重要的是什么样的企业适合不同阶段的你，如年轻的时候多半想着成长、挑战与创新，等到中年则趋向于工作稳定与安全。所以，关键还是在于自己的兴趣、性格、价值理念和追求。

总的来说，外企薪酬福利都还是不错的；国企相对稳定、压力较小，在平衡工作、生活方面可能会有更多的优势；民企的福利待遇相对可能会差些，但是万一公司发展壮大，而你又是公司元老，一不小心可能就发达了。

二、企业的规模和发展阶段

除了组织类型，组织规模和发展阶段也需要考虑。

不过，政府部门和事业单位总体而言相对稳定，所以这里主要指的是企业的规模和发展阶段。

是小公司好还是大公司好，一直都是众说纷纭，难有定论，有人说在小公司什么都学不到，有人则反驳说在大公司才是螺丝钉。

无疑，无论是大公司，还是小公司，都有其利弊：

• 大公司一般有着较为健全的管理体系和组织架构，有规范的运营流程及培训机制，能够让我们更快地适应职场；但我们可能是这个成熟运转体系的一颗螺丝钉，很难真正理解公司的整体运作，所应用的知识也相对有限。

• 小公司则多半处于起步或成长阶段，灵活性比较强，有利于充分发挥你的才能，你可以全方位地了解公司的运转；但缺点在于，公司的专业化水平偏低，流程也不够规范，管理决策和行为都比较随意，甚至连公司都朝不保夕。

以 HR 为例，"小公司 HR"涉及模块多、专业性差、随机性强，但适应性好、全面性强；"大公司 HR"接触模块少、跨模块难、适应性差，但模块做得深入、专业性强、规范性好。所以，经常是"小公司 HR"想转型到大公司，学习规范化、专业化的知识；"大公司 HR"想转型到小公司，寻求更多的发展空间。

一般情况下，对于涉世不深以及初入职场的年轻人来说，还是建议选择一个规模大点的公司。除非你遇到特别好的老板，否则，小公司能够收获的太少，因为很少有专业级的人才，也无法开展一些需要很多资源才能完成的工作，你的眼界和视野也很可能因此受限，不利于后期跳槽或进一步发展。

你最好还是在大公司完成基本的职业训练和素养提升，并且在具备一定的专长之后，再到一些成长发展中却需要规范的规模稍小的公司去。但是，一定要注意尽可能避免进入大公司的边缘化部门或岗位，否则，你很可能真的就成了"打杂的"或者"螺丝钉"。

另外，如果你是有冲劲、有想法、有能力的人，如果有好的机会，进入小公司其实也未尝不可。

但是，小公司应当是满足以下条件的：

- 在一个有前景且较依赖于技术或能力的行业。
- 有个很好的老板，自己能独当一面且知人善任。
- 有一个优秀的团队，一群人做有趣、有价值的事。

前面说到的行业、组织等，讲得更多的是你在整个社会分工中所处的一个大的环境与平台。你还需要一个"支点",凭借这个"支点"来做某些事情,从而发挥某些作用,创造某些价值。

这个"支点"就是"岗位",从事的活动则是具体的"职能"。

职业(岗位)

岗位是我们在某个组织的落脚点,是指承担一系列工作职责的某一任职者所对应的组织位置。

企业本质上是一个生产产品或提供服务以满足客户需求来获取利润的经济组织。所以,它必然有一条主经营价值链,需要:(1)了解客户或者市场的需求;(2)设计出能够满足市场或客户需求的产品;(3)生产或开发产品与服务;(4)销售给客户;(5)满足客户的订货、退换、维修、投诉等需求。

除了这条主经营价值链,我们还需要一些其他职能来保障这条主经营价值链的顺利实现,包括:成本控制、质量控制、风险控制以及人力支持和行政支持,如图1-5所示:

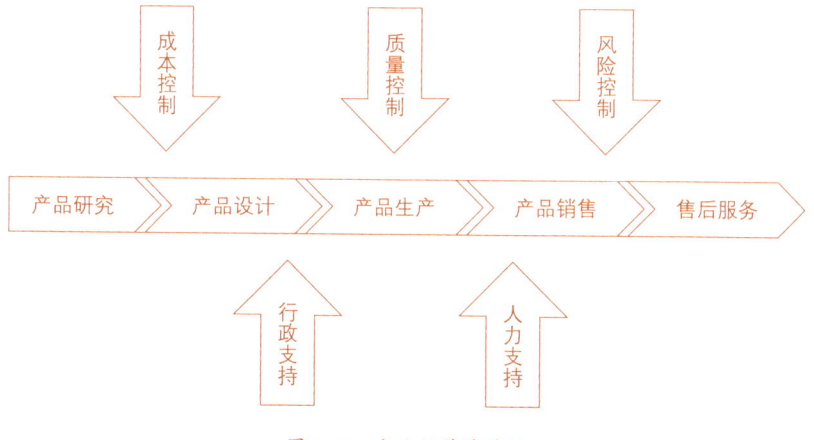

图1-5 企业经营价值链

实现这些职能需要落实到不同类型的具体岗位或职位。不同行业、不同组织，以及同一个组织的不同阶段，岗位的设置和职能要求都是不一样的，但是基本的逻辑规律和设置原理是一致的。

企业常见的部门和职位一般如表1-1所示：

表1-1 企业常见的部门和职位

财务	人力	行政	市场	销售	研发	客服	产品
财务总监	人力资源总监	行政总监	市场总监	销售总监	研发总监	客服总监	总工程师
财务经理	人力资源经理	总经理助理	市场经理	大区销售经理	研发经理	客户经理	副总工程师
成本会计	薪酬福利经理/主管	行政主管	市场主管	地区销售经理	项目主管	客户主任	营运经理
材料会计	培训经理/主管	行政专员	调研专员	销售主管	研究员	客户主管	生产经理
税务会计	员工关系主管	行政助理	市场助理	高级销售代表		客户专员	车间主任
稽核会计	培训专员						生产领班
出纳	绩效专员						技术员

我们也许选择了一个较有发展前景的行业，加入了一个还不错的公司。但是，如果所在岗位不能创造较大的价值，是一些无关紧要的边缘性、辅助性的岗位，那么，你的努力很可能就会事倍功半，难以见到成效。

最后，我们再回到本文开头的逻辑。

当我们在进行职业分析的时候，不仅要关注这个岗位本身，更要分析这个岗位在组织中的地位和作用，同时要考虑到组织的特点、行业的现状和发展，以及整个社会环境与背景。

唯有如此，我们才能跳出思维的限制和视野的束缚，洞察职业的真相。

摆脱职业迷茫,你只需要四步
——缩小范围,信息收集,学会"勾搭",职业人士访谈

很多人在填报高考志愿以及选择职业的时候都是盲目的,虽说一时的选择未必会定终身,但是,一旦选择了某个专业或职业,很可能就会形成"路径依赖"。你所学的知识,所接触的资源,甚至是看问题的视角和思维都可能随之逐渐窄化,很多人也因此陷入迷茫,无法自拔。

那么,有什么方法能够帮助我们走出职业的迷茫呢?

借助标准化职业分类,缩小选择范围

因为职业类型复杂多样,很多人刚开始思考这个问题的时候感觉毫无头绪,无从下手。这时,借助标准化职业分类,我们就可以比较快速地对纷繁复杂的职业世界有一个整体的认知和理解,然后进行筛选。

《中华人民共和国职业分类大典》是在1995年年初启动的,历经4年的时间编制,于1999年通过审定并正式颁布,2015年则颁布了最新版

本，涵盖职业的 8 个大类、75 个中类、434 个小类、1481 个职业。

八大类别如图 1-6 所示：

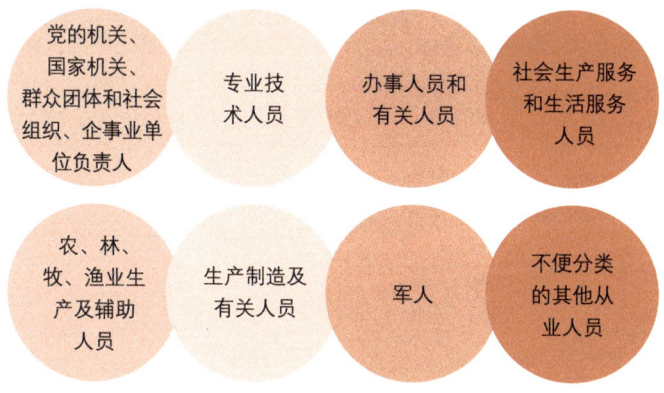

图 1-6　中华人民共和国八大职业分类

第一大类：党的机关、国家机关、群众团体和社会组织、企事业单位负责人（如图 1-7 所示）

- 中国共产党机关负责人

- 民主党派和工商联负责人

- 基层群众自治组织负责人

- 国家机关负责人

- 人民团体和群众团体、社会组织及其他成员组织负责人

- 企事业单位负责人

图 1-7　第一大类的 6 个中类

第二大类：专业技术人员（如表1-2所示）

表1-2 专业技术人员

类别	典型职业	类别	典型职业
科学研究人员	自然科学与社会科学研究者	法律、社会和宗教专业人员	法官、检察官、律师、公证员等
工程技术人员	矿物、制造建筑、通信	教学人员	各类教育机构教师
农业技术人员	土壤肥料、植物、园艺、畜牧	文学艺术、体育专业人员	电影、戏剧、舞蹈、工艺、装潢、运动员、教练等
飞机和船舶技术人员	飞行驾驶员、船舶引航员等	新闻出版、文化专业人员	记者、编辑、播音、翻译、出版等
卫生专业技术人员	西医、中医中西医、药剂等	其他专业技术人员	
经济和金融专业人员	审计、会计、统计、银行、保险、证券等从业人员		

这一类是专业技术人员，和目前大学专业的划分和人才的培养还是相当有关联的。

其实，大学本来就是培养高级专门人才的地方，从一般意义上来说，你如果上了一所还不错的大学，能比较好地完成学业，你可能就会成为一个专业技术人员。

第三大类：办事人员和有关人员

这类职业主要包括行政办公人员、安全保卫和消防工作人员、邮政和电信业务人员及其他办事人员和有关人员。相对而言，这类职业在技术性和专业性方面就要差很多，也正因如此，往往在待遇和职业发展方面会有更多的限制和不足。

第四大类：社会生产服务和生活服务人员（如表 1-3 所示）

这一大类主要是从事商品批发零售、交通运输、仓储、邮政和快递、住宿和餐饮、信息传输、软件和信息技术以及金融、房地产、租赁和商务、技术辅助、生态保护、文化、体育和娱乐等社会生产服务与生活服务工作的人员。

表 1-3　社会生产服务和生活服务人员

批发与零售 服务人员	金融服务人员	水利、环境和公共 设施管理服务人员	文化、体育和娱 乐服务人员
交通运输、仓储和 邮政业服务人员	房地产 服务人员	居民服务人员	健康服务人员
住宿和餐饮 服务人员	租赁和商务 服务人员	电力、燃气及 水供应服务人员	其他社会生产和 生活服务人员
信息传输、软件和 信息技术服务人员	技术辅助 服务人员	修理及制作 服务人员	

第五大类：农、林、牧、渔业生产及辅助人员

主要包括种植业生产人员、林业生产及野生动物保护人员、畜牧业生产人员和渔业生产人员等。

第六大类：生产制造及有关人员（如表 1-4 所示）

表 1-4　生产制造及有关人员

农副产品 加工人员	食品、饮料生产 加工人员	烟草及其制品 加工人员	纺织、针织、 印染人员
纺织品、服装和皮革、 毛皮制品加工人员	木材加工、家具与 木制品制作人员	纸及纸制品 生产加工人员	印刷和记录媒介 复制人员
文教、工美、体育和 娱乐用品制作人员	石油加工和炼焦、 煤化工生产人员	化学原料和化学制品 制造人员	医药 制造人员
化学纤维 制造人员	橡胶和塑料制品 制造人员	非金属矿物品 制造人员	采矿人员

续表

金属冶炼和压延加工人员	机械制造基础加工人员	金属制品制造人员	通用设备制造人员
专用设备制造人员	汽车制造人员	铁路、船舶、航空设备制造人员	电气机械和器材制造人员
计算机通信和其他电子设备制造人员	仪器仪表制造人员	废弃资源综合利用人员	电力、热力、气体、水生产和输配人员
建筑施工人员	运算设备和通用工程机械操作人员和有关人员	生产辅助人员	其他生产制造及有关人员

最后两类一类是军人，另一类是不便分类的其他从业人员。

相对于美国的标准化职业分类体系，我们的《中华人民共和国职业分类大典》确实更具中国特色，符合中国国情。

如果你对于职业分析完全迷茫，那么可以参照以上步骤，结合自己的专业和专长，按从大类、中类到小类这样的程序去逐步筛选出自己相对感兴趣的职业，然后进行进一步分析和了解。

其他网络资料与信息的搜集

假设我们初步筛选出了一个或者某几个意向职业，我们就可以利用网络等其他渠道进一步搜集相关信息和资料了。

这里我以自己最为熟悉的"人力资源管理"为例进行操作演练：假设你是人力资源管理专业的学生，或者对相关职业感兴趣，那么如何通过网络资料来进行信息搜集与整理呢？

一、初步信息检索方式

很多人喜欢咨询别人，这不是件坏事。

但是，在咨询别人之前，一定要记得自己先进行基础性的思考与信息搜集，可以借助网络，搜索自己想要的信息。

如果觉得还不够，那么可以多尝试几个关键词，如"HR""职业发展""职业规划""前景""前途""出路"等。

另外，还可以去细分网站按照同样的方式进行信息搜集与整理，过程如上，不再赘述。最后，以"人力资源管理"为例，我们还可以汇总出 HR 的职业发展路径图，如图 1-8 所示：

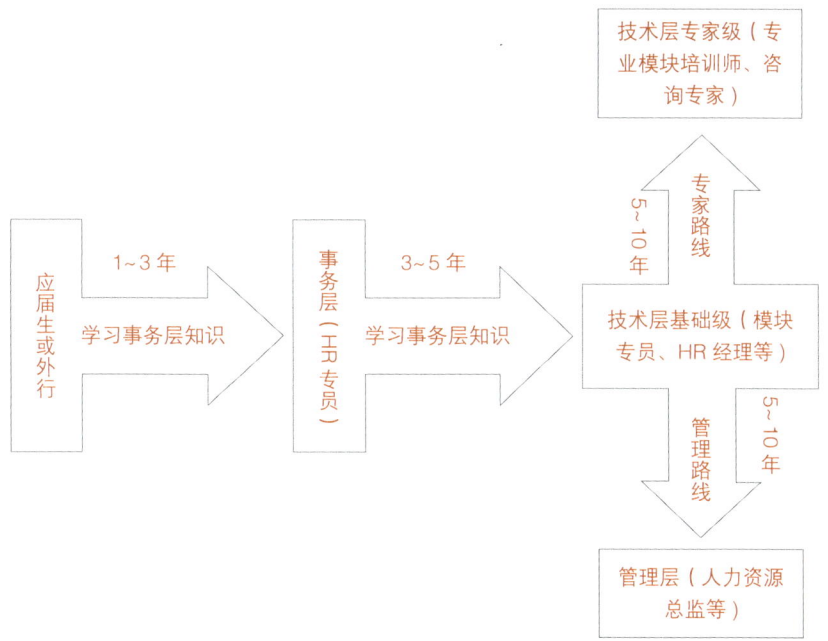

图 1-8　HR 职业发展路径图

其他专业或职业，信息搜集与整理的过程本质上也是类似的：

1. 在搜索引擎中搜索关键词时，可以尝试着多搜索几个关键词。
2. 在某网站搜索到高质量文章后，转而在该网站重复第一个步骤。
3. 对搜集到的资料进行梳理，绘制成思维导图甚至是职业发展路径图。

二、招聘求职网站职业信息检索

初步梳理出相关职业的发展路径图后，我们心里就有谱了，能够一窥职业发展路径的全貌了。

但是我们还需要进一步细化各个具体的职业要求，这个任务完全可以借助各大招聘求职网站进行。

比如，你只需要在搜索引擎中输入"招聘求职网站"，就可以看到分门别类的职业数据。搜集了足够多的信息后，对它们进行归类和梳理，甚至绘制相关的思维导图，制作职业发展路径及相应任职资格要求的PPT，自然能加深对它们的认识。

在这个过程中，我们的能力其实无形中就得到了锻炼和提升，包括问题分析与思考、信息搜集与整理等能力的提升，以及耐心和专注等品质的培养。

寻找实习单位，学会"勾搭"

在互联网时代，只要有心，进行实习的机会是非常多的。关键在于要走出去，不要宅在"象牙塔"里坐井观天，尤其是实践性和应用性比较强的专业的学生。

一、寻找什么样的单位实习

如果你仅仅是在街头发传单、做推销，甚至是在餐馆端盘子、做礼仪接待，不能说全无用处，但从职业发展的角度来看，是远远不够的。

关于怎样实习，我给的建议是：

- 寻找与自己的专业或未来意向职业相关的单位实习，这样你就可以更清楚某个职业到底适不适合自己。
- 寻找那些能够让你有广泛人际接触与交流的单位实习，这样你就有更多的机会去了解更多的信息。
- 寻找那些能够让你多方面成长与提升的单位实习。

这三条至少得符合一条，不然，实习的价值很可能就有限了。

二、怎样寻找实习单位

尽管我们内心可能会抵触，觉得靠关系找工作是件羞于启齿甚至是很丢人的事情，但我们一定要把这种意识矫正过来，要善于利用和借助弱关系，并学会"勾搭"社交网络上的"大牛"。

1. 善于利用和借助弱关系

著名社会学家、斯坦福大学教授马克·格兰诺维特做过一个非常有趣的研究，他对美国波士顿近郊居住的专业人士、技术人员和经理人员是怎样找到工作的进行了研究。

他总共找到282人，并从中随机抽取100人进行面对面的访问，发现其中通过正式渠道申请，如通过广告投简历获得工作的不到一半。100人中有54人是通过个人关系找到工作的。

这也就意味着，当你绞尽脑汁纠结于怎么写简历的时候，好的工作早已经被那些有关系的人抢走了。

教授对这些关系进一步分析，发现这些靠关系找到工作的人中，只有16.7%经常能见到他们的这个"关系人"，也就是每周至少见两次面。而55.6%的人仅仅偶然能见到用到的"关系人"，意味着每周见不到两次，但每年至少能见一次。

——资料来源：

VC/PE/MA金融圈；作者 | 同人于野，本名万维钢

社交，本质上就是弱关系，"弱关系"的真正意义是把不同的社交圈连接起来，从圈外给你提供有用的信息。

所以，我们不但不应对关系嗤之以鼻，相反，应当善于利用和借助弱关系，典型的包括：

- **校友资源**：已经毕业的学长学姐，尤其是在你想要从事的职业或有意向的组织与岗位工作的，遇到了千万不要错过。
- **学校资源**：各学校就业指导中心的教师往往与校外组织或校友有着更多的联系。
- **亲戚关系**：比较远的亲戚，哪怕有一丝瓜葛也总比萍水相逢、素不相识的要好。
- **社交网络资源**：领英有按行业、职业或公司和学校分类的联系人，去看看意向单位或岗位有没有你能搭上关系的人；知乎上也有一些各领域的成功人士，可以想方设法和他们建立联系。

2. 学会有效"勾搭"

要得到别人的帮助，前提就是要让别人感觉你是一个值得帮助的人。什么样的人会让别人觉得值得帮助呢？

最重要的有两点：第一，本身是个还不错的人；第二，懂得换位思考，照顾别人的利益和感受。

举个例子，我经常收到类似的私信，如图1-9所示：

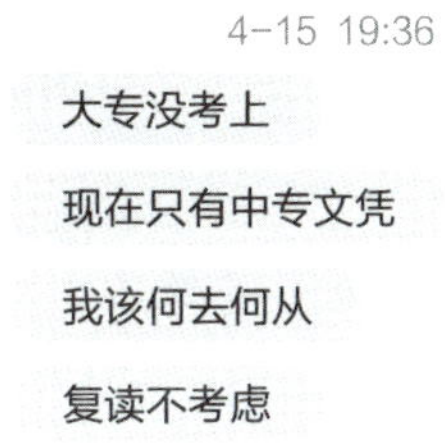

> 4-15 19:36
> 大专没考上
> 现在只有中专文凭
> 我该何去何从
> 复读不考虑

图1-9 无效的"勾搭"示例

这种私信，我确实懒得回复。

有些私信就完全不一样了，如图1-10所示：

> 4-14 19:01
> 您好，不好意思打扰了。请问我可以向您咨询一下职业规划的建议吗？
> 4-14 19:18
> 嗯，具体是什么问题呢？
> 我已经付费私密问答啦😊
> 4-14 19:30
> 这么有诚意😊
> 不过我偏偏不在那边回答，不收你费用。

图1-10 有效的"勾搭"示例

这位同学则与上一位形成了较为鲜明的对比：第一，特别有礼貌，让我觉得舒服；第二，还进行付费咨询，够诚意，够尊重。

我看了她的提问，所涉及的问题有点大，一两分钟也说不清，就让她加我微信，而且没收她费用。

后来微信上沟通也不方便，就直接电话沟通，又谈了半个多小时，把问题基本梳理之后有了较为清晰的框架和思路。她自己也表示，她咨询过的所有人中我对她的帮助是最大的。

所以，我们要去"勾搭"别人，或者寻求别人帮助的时候，务必注意：

- 自己本身要靠谱，准备工作要做足，否则，就很容易引起别人的反感。
- 学会换位思考，照顾别人的利益和感受，起码的社交礼仪要到位。
- 要明白，别人不帮你是本分（去反思自己有哪些做得不好的地方），帮你是情分（对别人的帮助要心存感激）。

职业人士访谈

直接经验（实习、实践等）最大的好处就是能够获得第一手的知识和直观的感受，但最大的问题是，由于我们的条件和环境所限，很难对职业有个全面而准确的认识与理解。

不同的职业就像一座座的高山，当我们还在山脚下的时候，很可能看到的都是遍地荆棘，很难去一窥这座大山的全貌。窥得全貌的，无疑是那些已经爬到山顶的人，至少也得是爬到半山腰的人。好好向他们学习与取经，可以少走很多弯路，甚至获得数倍学习与提升的机会。

这就是职业人士访谈。

一、访谈目的

- 检验信息：道听途说的、自己想象的、通过网络搜索的，甚至是自己亲自实践得到的信息或结论，都可以得到检验。

- **丰富信息**：从我们自己的阅历中获得的信息是有限的，通过访谈可以更好地了解行业、组织和岗位情况，更好地进行自我调整并有针对性地改进。
- **提升技能**：与专业人士交流，其实本就是技能提升的一个过程，尤其是人际、社交与沟通等方面。
- **扩展人脉**：可以通过访谈多个对象扩展人脉，实际上弱关系对于职业的帮助反而很可能比强关系还要大。

二、访谈要求

有关访谈的具体要求，我们可以从访谈的时间、人物、人数以及访谈方式等方面来加以说明：

- **访谈时间**：30~60分钟为宜；时间太短没有什么效果，时间太长对方可能不耐烦。
- **访谈人物**：在你的意向领域至少工作3年，并且对这个领域有较为全面和深刻的认识。
- **访谈人数**：2~3位，不少于2位；一方面是为了使信息更加丰富，另一方面也便于比较和验证。
- **访谈方式**：面谈肯定是最好的，效果最佳，或者至少也要电话沟通。

三、联络渠道

你可以通过以下方式来联络访谈者：

- 通过你的朋友、亲戚、邻居、（前）同事、（前）上司等。

- 自己所在的学院、就业中心，或大学的相关办公室，利用就业中心的网站查找校友或其他愿意和你交谈的人。
- 联系相关的行会、贸易商会等组织，浏览它们的网站。
- 参加你感兴趣领域的专业人士聚会。
- 各大社交网站或专业论坛。

这里的难点在于如何让别人接受你的访谈，主要应对方式有：

- 本身要靠谱，注重社交礼仪，照顾对方的利益和感受。
- 通过双方都熟悉的中间人介绍，可大大提升可能性。
- 付费咨询，这是最简单粗暴的方式，但有价值的东西值得你付费。

举个简单的例子，社交网站和专业论坛就有一些行业领先人物，和他们取得联系其实是一件很容易的事。你认真地拜读他们的文章，并与他们频繁互动和交流，很有可能和他们建立联系，建议如下：

1. 关注他们，成为他们的粉丝。
2. 认真阅读他们的文章，点赞、打赏、转发。
3. 互动、交流，认真思考与组织语言，展现你优秀的一面。
4. 加好友，诚恳地自我介绍，真诚地表示认可，并表示希望多向他学习。
5. 不要老去麻烦别人，要多想着给别人提供价值。

四、访谈准备

职业访谈之前，我们就应当做好准备，否则很可能浪费彼此的时间。

- **初步了解自我**：包括自己的兴趣、技能和价值观，以及这些特质与访谈对象所在领域的关系和适配性。
- **尽可能了解对方**：了解对方的领域和目前所在的机构，如果网络上发表有相关的文章，认真拜读。
- **列一个访谈提纲或问题清单**：提前准备好访谈提纲及问题清单，注意不要问那些显而易见或者百度一下就能搜索到答案的问题。

五、访谈安排

可以通过以下形式进行访谈安排：

- **邮件**：说明相关情况，包括自我介绍、访谈意图、是如何找到他的。
- **电话**：建议以即时通信的方式约定好访谈时间和地点。
- **解释**：如果对方有所怀疑或顾虑，务必要解释清楚——你不是想通过他找工作，而是想了解些情况来帮助自己做更好的选择。
- **跟进**：对方答应了，则约定好时间和地点；对方暂时比较忙，则可以询问近期合适的时间，而后再跟进。

六、访谈问题

建议提前准备好访谈提纲或问题清单，一是为了节约时间，二是为了考虑更加周全。可以参考如下内容进行设计：

1. **背景**：您是怎么进入这个领域的？什么样的教育背景或工作经验对进入该领域会有帮助？
2. **工作内容与环境**：您的日常职责有哪些？工作条件怎样？您最喜

欢什么？最不喜欢什么？工作自由度如何？

3. **问题**：您工作中遇到最棘手的问题是什么？整个行业面临着什么问题？

4. **生活方式**：业余时间多吗？对着装有什么要求？假期方面怎样？

5. **薪酬**：入职新人的薪酬水平如何？有哪些额外补贴和福利（如分红、保险、佣金）？本领域初级职位和略高级别职位的薪水是多少？注意，这里不建议直接问对方薪酬水平，而是用其他人的一般情况来代替。

6. **收获**：除了薪酬，您认为从事该工作最大的收获是什么？

7. **发展空间**：您今后几年的规划和长远规划是什么？您所在领域的"职业生涯通道"是什么？公司对刚进入该领域的员工会提供哪些培训？

8. **晋升**：晋升空间如何？一个人怎样从基层升至高层？跳槽的员工多吗？该公司的升职制度是什么？怎样考核员工？

9. **行业**：您认为今后3~5年该行业的发展趋势怎样？公司前景如何？

10. **建议**：我的个人情况和该领域匹配度怎样？您建议我做什么准备？您对我的简历有何建议？

11. **需求**：该工作的招聘人员是怎样的？哪里有这样的工作？还有哪些其他领域的工作和您的工作相关？

12. **招聘决定因素**：应聘者什么能力最重要？需要特别的知识、技能和经验吗？您所在部门谁有人事决策权？

13. **求职市场**：人们通常怎样进入您的领域？通过报纸广告、网络，还是熟人介绍？当我做好了申请准备后，我该联系谁？

14. **介绍其他信息源**：您能向我推荐需要经常阅读的行业杂志、报纸吗？我可以去哪些机构获取需要的信息？

15. **推荐其他访谈对象**：您认为我还应该跟谁交谈？能向我介绍几位吗？我约见他们的时候，可以提到您的名字吗？对于一个即将进入该领域的人，您愿意提出特别建议吗？哪些渠道能帮助我深入了解该领域？

16. **询问其他建议**：您还有其他建议吗？

访谈结束之后，还有些收尾工作也需要注意：

- **记录信息**：记录你所获得的信息，包括对方的姓名、观点、推荐的访谈对象等；同时，对于获得的信息，也需要加以甄别。
- **评估成果**：约见和访谈过程中自己的表现如何？准备是否充分？考虑是否周全？所获得的信息是否足够？
- **表示感谢**：写一封感谢信，感谢对方时间和精力的投入，可以顺带提一下自己的收获与结论。

到此，我们的访谈工作终于结束了。

总之，如果你对未来的职业发展方向全无头绪，可以按这几个步骤来：

1. 借助标准化职业分类，从大类到中类到小类，逐步缩小选择范围，初步筛选出意向职业。

2. 针对一些有意向的职业，通过网络进行信息搜集与整理，加深对它的理解与认知。

3. 尽可能早地寻找实习的机会，亲自参与实践，获得第一手的信息和真切的感受，并加深对自我与职业的了解，逐步明晰自身与职业的匹配度。

4. 寻求意向职业或目标组织与岗位的职业人士，进行职业人物访谈，获得真实全面的职业信息与数据，辅助我们进行科学的职业抉择。

在这个过程中，我们做的准备越充分，了解与掌握的信息就越丰富，我们的职业抉择与规划也就越靠谱。

真正做好这四步，就不会那么迷茫了！

兴趣和职业，究竟该如何抉择
—— 霍兰德职业兴趣理论

有关兴趣和职业选择，有人说要追随自己的兴趣和内心，也有人表示千万不能把自己的兴趣变成职业。

到底该怎么办呢？

霍兰德职业兴趣理论

著名的职业指导专家约翰·霍兰德把人的职业兴趣分为六大类型：现实型、研究型、艺术型、社会型、常规型和企业型。

这些不同类型分别有什么样的特点呢？

现实型的人往往看重现实事物的价值，具有较强的动手能力和动作协调能力，做事手脚灵活，但他们往往缺乏人际交流的技巧，对人事管理和监督工作不太感兴趣。他们往往愿意从事事务性的工作，喜欢户外活动或机器操作，而不喜欢在办公室工作。典型的职业主要有制造业、渔业、机械维修、农业、林业等。

研究型的人对于抽象概念和统计分析有浓厚的兴趣，他们倾向于通过思维分析解决复杂的问题，喜欢具有创造性、挑战性的工作。但他们一般不会主动去做管理、领导或人际工作，而是喜欢独立自主地工作。相应的职业有分析员、生物学家、实验室工作人员、工程设计师、物理学家和管理咨询顾问等。

艺术型的人富有创造性，想象力丰富，对具有自我表现空间的工作显示出明显的偏好，喜欢自我表达，喜欢写作、音乐、艺术和戏剧。他们和研究型的人的共同之处在于创造倾向明显，对于结构化程度较高（规范性程度高）的职业及环境都不太喜欢，对机械性及程式化的工作缺乏兴趣，都比较喜欢独立行事。与此匹配的职业有作家、艺术家、音乐家、诗人、漫画家、演员、戏剧导演、作曲家、乐队指挥和室内装潢人员等。

社会型的人乐于从事人际交流工作，喜欢与人合作。他们通常善于交谈，乐于与人相处。他们习惯通过和别人商讨或调整人际关系来解决面临的问题，对于以机械和物品为对象的工作没有兴趣。与该类型相匹配的职业有教师、社会工作者、牧师、心理咨询师、服务行业人员等。

常规型的人喜欢规则明确、要求清晰的工作，不适应规则模糊、自由空间大的工作。他们不喜欢主动决策，而是习惯于被动服从，一般较为忠诚、可靠，偏保守。他们工作仔细，有耐心，比较在意社会地位和社会评价，通常愿意在大型机构做一般性的事务工作。与该类型相匹配的职业有银行职员、图书管理员、会计、收银员、统计人员、电脑操作人员、办公室职员等。

企业型的人喜欢影响、管理和领导他人，具有强烈的进取心、自信心，喜欢冒险，喜欢支配别人，但他们不喜欢太具体或需长时间集中精力的工作，觉得理论研究相当枯燥和无聊。与该类型相匹配的职业有经营管理人员、律师、政治家、销售人员、公关人员、采购员、投资商和保险代理等。

霍兰德还发现上述六种职业兴趣类型之间并不是完全独立的，而是存在一定程度的关联性。他以一个六边形来对这六种职业兴趣类型之间的关系进行表示，如图 1-11 所示：

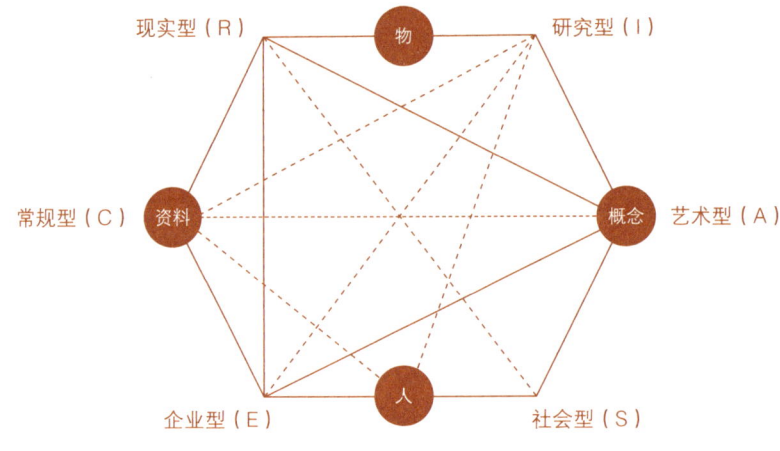

图 1-11　霍兰德人格六边形模型

如图 1-11 所示，工作的活动涉及的无非是四个要素：人、物、具体的资料和抽象的概念。

这里就形成了三种关系：

• **相对关系**：处在对角位置上，共同点最少，一般不会同时具有这两种类型。比如，研究型（I）和企业型（E），一般做生意的还真不爱搞学问，搞学问的也不擅长经商；再如，现实型（R）和社会型（S），搞机械修理的多半不喜欢或不擅长人际交往，擅长人际交往的大部分也讨厌进行各种器具操作。

• **相邻关系**：处在相邻的位置上，有比较多的共同点。比如，艺术型（A）和研究型（I）都有点沉浸于自我的小天地的感觉；相反，企业型（E）和社会型（S）则是遍洒芬芳于人间。

• **相隔关系**：介于相对关系和相邻关系之间。

事实上，很多人并不具有单一类型的职业兴趣，因此霍兰德给出了三个代码的组合——六大类别中得分居于前三的类型。

怎么去判断自己的兴趣所在呢？以下几个途径可供参考：

- 想想你读的书、订的杂志，翻开报纸时最想看的内容。
- 想想那些仅仅是由于你对某一领域感兴趣而获得的知识。比如，我聚焦的领域主要是人力资源开发、职业生涯发展、人才测评等。
- 想想你做的志愿性工作——有哪些重复性的工作没人要求而你乐意去做。
- 找出你过去做的所有工作，尽可能完整地说出工作中特别令人兴奋和满足的东西与那些特别令人厌倦或灰心的东西。比如我，研究生期间就开始给企业做一对一内训师指导，非常有成就感，工作后教学和咨询辅导也做得很不错，但是各种文档资料整理工作则令我非常厌倦。

然后，我们可以通过测评或者自行评估判断得出自己的霍兰德职业代码，如我的职业代码就是 I（研究型）、E（企业型）、S（社会型）。

区分享乐和兴趣

很多人，你一问他的兴趣，估计他的回答大抵就是"美食、购物、旅游、音乐和电影"，可能还包括阅读，不过他所谓的阅读可能不是阅读什么教材或专著，而是言情和文艺作品。

为什么我特别提到阅读的类型呢？

因为这样大家就很容易发现，兴趣和享乐其实是不一样的。

- 享乐是人的天性，根本不需要你付出多少努力或花费多少精力就能得到正向反馈与刺激，如吃各种美食、看电影、听音乐或者看言情小说。

● 兴趣的英文表达是 interest，即 inter-est，要深入其中，获得这方面的知识或者参与其中，体验到情绪上的满足感，而后有了更多热情和动力，这才是兴趣。

那些根本不需要你努力就能得到正向反馈和刺激的叫享乐，其实更多的时候是需要你努力抑制自己不去那么做的；需要你花费时间和精力去认识它、了解它乃至擅长它，而后才能带给你正向反馈和刺激的才是兴趣。

区分兴趣与职业兴趣

要理解兴趣和职业兴趣的不同，首先必须真正理解"职业"。

职业是参与社会分工，利用专门的知识和技能，满足他人或社会需求，获取合理的报酬，作为物质生活来源，并满足精神需求的工作。

提炼关键词：社会分工、知识和技能、需求、报酬。

● 职业是你在社会分工与交换中的位置。
● 职业是你的收入来源。
● 职业需要你具有能够满足他人或社会需求的知识和技能。
● 职业可以获取报酬。

可见，兴趣没什么限定和要求，只要不危害社会和他人即可。

职业兴趣则必须考虑：1. 有社会需求，才能换回收入；2. 你具备相关知识和技能，能够满足他人或社会的需求。

这两条其实才是最重要、最根本的原则。

当然，在满足这两条原则的同时，也可以兼顾兴趣，因为这样一来：首先，你更有动力去学习相关的知识和习得相关的技能；其次，你能够更好地满足他人的需求，且有利于自身的职业发展；最后，工作、生活都更加愉快。

兴趣和职业，究竟该如何处理

到底该如何处理兴趣和职业抉择呢？

1. 尽量选择和自己的性格相匹配的工作，考虑自己的兴趣和性格

选择工作的时候考虑兴趣还是很有必要的。

大量的研究表明，兴趣与工作满意度、职业稳定性和职业成就感之间存在明显的关联。从事自己感兴趣的职业，可以提升我们工作的积极性，增强我们工作的满足感，也有利于发挥我们的才能，实现好的业绩。

我们可以借助前面的霍兰德职业兴趣分类进行自我测评与分析，选择那些自己相对感兴趣的职业，或者至少可以排除那些明显与自己的兴趣和性格不相吻合的职业。

以我为例，首先把 C（常规型）排除，我最讨厌按部就班、死板的工作；接下来排除 R（现实型），原因很简单，就是懒得动手，各种工具和操作我觉得都挺无聊。

所以，诸如会计、出纳、行政助理，以及各种操作工种，的确是我不喜欢的，也不适合我。

如果一个人所选的职业和自身的兴趣、性格严重冲突的话，还是会有些麻烦的。

明熹宗朱由校酷爱做木匠活，一天到晚各种木匠活做得不亦乐乎，最烦有人在他做木匠活的时候打扰他。可惜偏偏他是个皇帝，这么一个权力和阴谋交织的位置，怎么可能允许他沉迷于木匠活呢。魏忠贤就抓住他这个特点，每次都在他做木匠活的时候启奏票报，皇帝一听就不耐烦，打发他走说："我知道了，你们去办吧。"最终，导致大权旁落。

所以，尽量选择和自己的性格相匹配的工作，考虑自己的兴趣，是很有必要的。

但是，我们并非一定要选择与自己的兴趣完全对应的职业。

一方面，个体本身就是多种兴趣类型的综合体，适合我们的工作不止一种；另一方面，有不少人完全不知道自己的兴趣所在，或者说也没什么特别感兴趣的。

怎么办呢？

既然没什么特别感兴趣或讨厌的，那就干脆不考虑兴趣，只关注两个问题：一个是你的优势和专长，另一个是自己和社会的需求。

如果你连自己的需求是什么都不知道，那更简单：27岁以下追求学习和成长，30岁左右找到一个平台或突破点，35岁左右寻求发展自己的事业多挣钱，40岁想方设法晋升发财，50岁之后多保重身体。

2. 职业需求比兴趣更关键

很早以前，亚当·斯密就发明了大头针生产的分工方法：第一个人负责进料，第二个人负责拉直，第三个人负责切断，第四个人负责装配，第五个人负责打磨。

工业社会，大多数组织需要的就是这样一个机制，很多职业都成了繁杂、琐碎或者重复的工作，如会计、出纳、售货员、人事行政等，还有一些是脏活累活或者高难度高要求的职业，如工程师和医生要求就很高，建筑工人、清洁工则是脏活累活多。

这些职业要么需要经过专业训练，要么不容易让人感兴趣。

因为感兴趣的活动一般是相对轻松的，并且丰富多变，让你感到舒服和愉悦。

所以，要问问自己，你的兴趣和爱好有生产力吗？

更准确地说，要把社会需求与你的兴趣结合起来。比如，喜欢打游戏，可是倘若不能打成世界排名靠前的游戏高手，那就只能是兴趣了。

在一个社会需求小的职业或领域，只有当你做到出类拔萃的时候，它才可能成为你的职业。

人活于世,生存才是最根本的,而且,即便是自己喜欢的工作,其实也会有很多不满意、不喜欢的地方。比如,你喜欢设计,可能会遇到各种刁难的甲方,他们不知道自己的准确需求,也不懂设计,可偏偏对你指手画脚,让你抓狂。

3. 关键是要能胜任工作

很多人表示自己对于所学专业或所从事的职业没有兴趣,其实更大的可能是因为他不擅长。

不喜欢唱歌的多半是因为歌唱得不好,不喜欢打麻将的可能是因为打麻将总是输,既输钱又没面子。当然,总会有那么一些不知分寸的人,明明五音不全,还总喜欢用他的歌声来折磨身边的人;明明社交能力有限,还偏偏喜欢到处社交,以为别人都把他当老大哥……

我们很难喜欢上自己不擅长的事情,因为这些事情容易给我们带来焦虑和沮丧,严重的甚至会让人产生自我怀疑。实际上,并不是因为一个人对一件事很感兴趣,所以他成功了;恰恰相反,是因为成功了,有了胜任感、自主感、成就感,以及外界认可,他才会喜欢上这件事情,而后有兴趣,如图1-12所示:

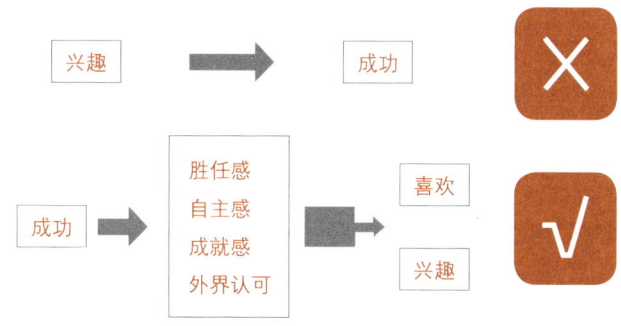

图1-12 兴趣与成功的关系

所以，关键是要能胜任工作：一方面，你越是能胜任，工作中你就越能做到游刃有余，也更容易有成就感，也会越来越有兴趣；另一方面，你越是胜任，就越容易得到外界的认可，薪酬和发展也就越有保障。

想把兴趣当成职业，一个最根本的条件就是你要具备足够的知识和技能，设计师、导演、咨询顾问、培训师……这些都需要进行长期的训练和学习。

在你刚入门的时候，不要动辄以兴趣为借口来掩盖自己的不胜任。

让将来的你感激现在的自己
——怎样的职业抉择才能真正通往幸福

怎样才能更好地明确自己的价值取舍,更好地做出明智的职业抉择呢?

很多职业规划和指导会强调对自己的职业价值观进行审视和澄清,问一问自己,你最希望从工作中获得和拥有的东西到底是什么?

比如,列出职业价值观清单,如图 1-13 所示:

1. 工作保障	2. 有美感	3. 薪金优厚	4. 生活方式
5. 工作多样化	6. 个人发展	7. 独立工作	8. 需运用创作能力
9. 威望	10. 有归属感	11. 冒险	12. 有时间与亲友相处
13. 有成就感	14. 可发挥个人才能、知识		15. 良好的工作环境
16. 良好的晋升机会	17. 和别人一起工作		18. 有权力
19. 帮助他人	20. 与同事有良好的工作关系		21. 其他

图 1-13 职业价值观清单

然后按照以下步骤进行审视和澄清：

1. 挑选出其中5条对你来说最重要的价值观，分别写在5张小纸条上（也可以补充其他）。
2. 在反面给每一条对你来说很重要的价值观下定义，即要达到什么样的水平你才满意。
3. 如果你不得不放弃其中的一条，你会放弃哪一条？给出具体的理由。
4. 如果你不得不继续放弃剩下4条中的一条，你会放弃哪一条？
5. 继续下去，直到最后一条。这一条，你是否无论如何也不愿放弃？

这种方式当然还是有一定的指导作用的，但问题在于，由于个人所处的职业生涯发展阶段不同，需求会发生改变，从而可能导致价值观的变化。

比如我以前的一个同事，在华为干得好好的，就因为追随自己的"内心和价值观"，跳槽到一个民办独立院校担任计算机相关专业教师，几年之后肠子都悔青了。因为年龄越大才越意识到金钱和职业的重要性。

所以，我的建议是：跳出岗位看行业，立足长远看短期。

从人生的目标和价值来看，我们所追求的更多是生活的幸福，这才是更长远的，也才是最根本的。

帕斯卡尔说过："每个人都在渴望幸福。无论他采取何种手段、何种方法，他最终的目的都是得到幸福。幸福是他的最终目的，这就是人类全部行为的动机，甚至那些上吊自杀的人也一样。"

怎样才能幸福

有学者做了一个研究：普通人的幸福。过程略去不表，最终得出一个幸福来源的7S模型，如图1-14所示：

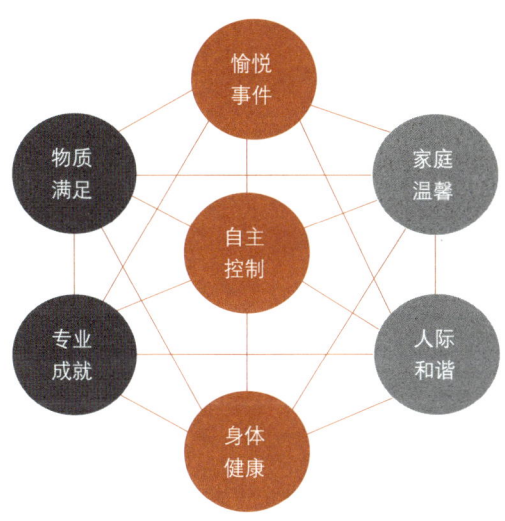

图 1-14　幸福来源的 7S 模型

模型图左边，更多的与胜任感相关：

- 物质满足，指对金钱、名誉、地位等外在物质条件感到满意。
- 专业成就，指在工作中表现出来的出众业绩和成果。

模型图右边，更多的与归属感相关：

- 家庭温馨，指家庭环境拥有一种亲切体贴的氛围。
- 人际和谐，指人际关系稳定和睦，与他人交往的过程很愉快。

模型图中间，更多的与自主性相关：

- 愉悦事件，指能让自己身心快乐的活动或事件。
- 自主控制，指对自己的日常生活和工作可自主把控。
- 身体健康，指身体状态良好，有足够的精力和体力应对日常生活和工作中的各类事件。

如何来理解呢？

作为一个独特的个体，要获得真正的长久幸福，必然离不开我们的自主性。生活中必须有能给我们带来身心快乐的活动或事件，我们对自己的日常生活能够自主控制。此外，最基本的是，我们的身体状态应该是良好的。

这就有了幸福的三个基本要素：愉悦事件、自主控制和身体健康。

我们自由和自主的一个重要条件就是，财务上的相对自由和物质上的相对满足。弗洛姆说："存在的本质即在于占有，当一个人什么都不占有的时候，他很难去给予，而当他很难给予的时候，他甚至可能会怀疑自己存在的意义。"举个极端的例子，你连老母亲或妻儿的生活都无法保障，连最基本的物质都无法给予，你还能幸福吗？

我们要获得物质方面的满足，我们要索取，则必须要有奉献。或者说，我们要从别人那里得到自己想要的东西，则必须能够为别人提供某些东西，即在工作中做出的业绩和达到的成果（专业成就）。

当然，专业成就除了能让我们实现物质满足从而变得更幸福，它本身也是有助于提升幸福感的——专业成就能给你带来肯定、认可和成就感，以及社会声誉和地位等。

这样就有了幸福的另外两个要素：物质满足和专业成就。

即便我们体会到愉悦和自主，即便我们拥有了成就和能力，我们的人生也未必是圆满的，我们也未必就能获得幸福。这是因为，我们是"社会人"，尽管关系可能给我们的生活带来很大的烦恼和困扰，但关系本身在某种程度上却是活着的意义所在。假设你失去了和所有人的联系，我相信，对大多数人而言，无论他怎样自主，拥有怎样的成就或能力，都无法实现真正的幸福。

这就是构成幸福的又一个必不可少的重要条件：关系。

我们每一个人都是父母所生的，绝大多数需要并渴望家庭的温暖，以及来自家人的疼爱与关怀。除此之外，我们在生活中还需要和很多的人打交道，我们总是希望和他人交往的过程能够很愉快。

因此，家庭温馨和人际和谐也就变得尤为重要了。

如此一来，自主性、胜任感、归属感这三个方面就构成了幸福的三个重要条件，而这三个方面又细分成 7 个维度（如图 1–15 所示），构成了我们幸福的来源或条件，我们把它们称作幸福的 7S 模型。

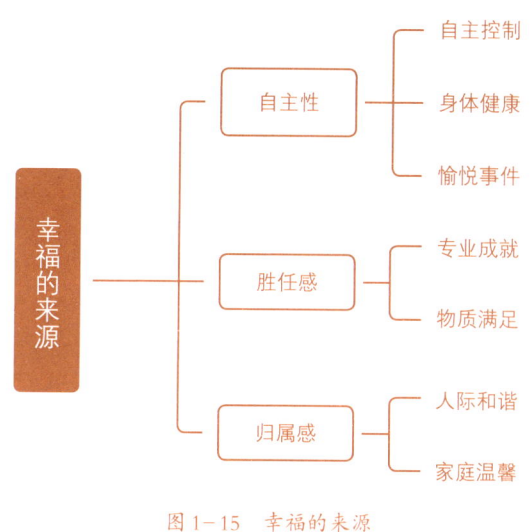

图 1–15　幸福的来源

到这里，我们就可以比较完整地理解如何才能幸福，幸福来源于什么了。

问题在于，知易行难，看起来简单的东西要做到却往往不是件容易的事。

要同时满足幸福 7S 模型的几个条件还真不是件容易的事。

- 自主控制：谁不想对自己的日常生活和工作有自主控制权呢？但有

些时候，我们在生活的逼迫下还是不得不去做很多自己未必愿意去做的事情。

- 身体健康：工作太繁忙、熬夜加班、应酬太多、没时间锻炼身体……
- 愉悦事件：工作、收入、爱人、孩子……哪一个能让人省心了，哪能有那么多愉悦？
- 专业成就：学习总是遇到意料不到的困难，自己能力水平着实有限。
- 物质满足：钱哪有那么好挣？拼死拼活还是那么点工资。
- 人际和谐：总是有一些人让人讨厌，让人很烦。
- 家庭温馨：伴侣间总有那么多磕磕绊绊，父母子女间总少不了抑郁纠结，孩子免不了让人烦心担忧……

哲学的观点告诉我们，事物是普遍联系的：前因和后果相互联系，此物和彼物相互联系。

1. 前因和后果是相互联系的（时间维度）

在幸福来源的几个维度中，身体健康和专业成就（其他几个维度一样）很大程度上是由我们的过往造成的。

譬如，两个年轻人，一个抽烟酗酒，饮食作息毫无规律，经常熬夜，从不锻炼；另一个则饮食合理，作息规律，经常锻炼。那么可以想象，若无意外，一般情况下，在他们中老年以后，身体健康程度必然会有很大的差异。

两个男孩，一个聪慧、刻苦，专心于学业，而另一个却愚笨、懒散，只要一遇上好玩儿的，他就会立刻将学业抛到一边。至于哪一个在学校中表现得更加出色，这是非常明显的，将来的专业成就也大致可以看出端倪了。

2. 此物和彼物是相互联系的（空间维度）

身体健康出了问题，愉悦和自主性就无从谈起，专业成就则会影响物质满足进而影响到家庭温馨（贫贱夫妻百事哀）乃至人际和谐（贫穷较容易导致人的狭隘、偏激、短视，影响人际和谐）。

通向幸福的道路

没有通往幸福之路，幸福本身就是一条路，不管是我们的自主性（自主控制、身体健康乃至愉悦事件）、胜任感（专业成就和物质满足）还是归属感（人际和谐与家庭温馨），都离不开我们的努力。

在职业生涯初期，千万不要有畏难情绪。不要一味地去贪图轻松和安逸，而是要尽可能选择那些有活力的行业，选择那些积极向上的团队和组织，从事那些对你来说有一定挑战的工作。这样一来，越到后来你的路就越宽，你的自主、胜任乃至归属的需求就越来越能得到满足。

你的幸福之路，也将由此而开启。

这样的职业抉择，会让将来的你感激现在的自己！

最靠谱的职业规划是这样的
—— 职业规划的逻辑

职业规划与发展的问题主要体现在以下三个方面：

- **思维混乱**：对自我和职业及职业发展认识不到位，甚至有着严重的误解。
- **信息和机会匮乏**：受平台、视野所限，在一个狭小的圈子里跳不出来。
- **行动缺乏成效**：没有正向反馈和激励，动力不足，无法持续努力。

怎么去解决这些问题呢？

掌握科学理论，更加深入系统地认识职业和自我

在互联网时代，只要你愿意并善于思考，同时还能持续进行信息搜集和整理，几乎一切问题都不再是问题。

以职业规划为例，对于职业世界，可以按照职业世界的分析逻辑去

分析，如本书第 8 页图 1-2 所示。

对于自我的探索，同样也有其逻辑和规律可循。在更为清晰地了解职业和自我之后，就可以更好地确定职业发展方向、目标及路径了，如图 1-16 所示：

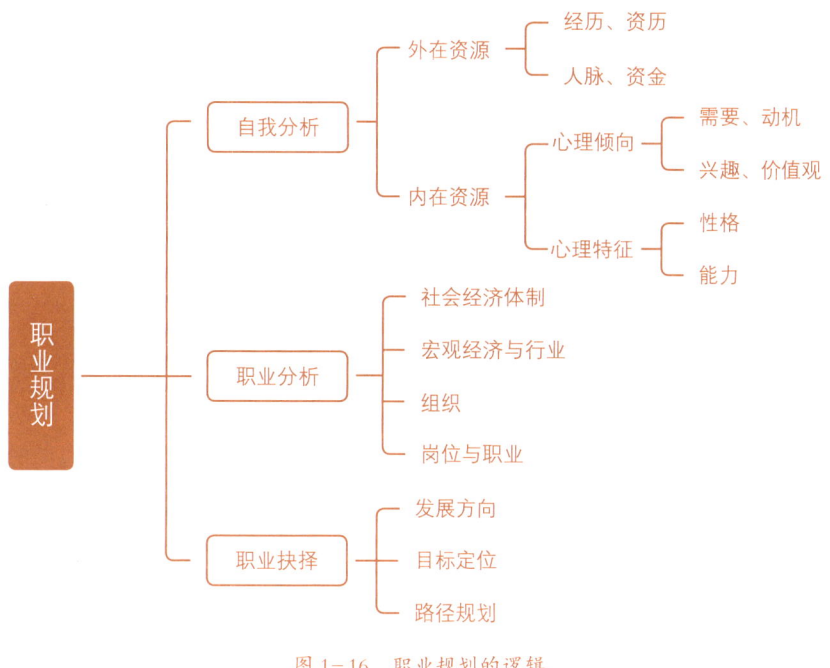

图 1-16 职业规划的逻辑

事实上，目前很多职业规划机构的"套路"差不多都是这样的。

对自我的分析主要包括：

- 动力系统：你的动机、价值观和理念追求。
- 性格特质：如 DISC、MBTI 等，但我个人最为推崇的是大五人格。
- 能力状况：主要是一般能力（核心是思考分析能力）和知识、技巧。

对职业的分析，也可以通过两种方式进行：

- 线上：网上有大量的资料，你几乎可以搜到任何职业的相关信息和情况，包括岗位内容、职责、工作条件、发展方向和空间及任职资格等。
- 线下：主要是职业访谈，针对你的意向行业、组织和岗位访谈相关资深职业人士，前文已有详述，此处不再赘述。

然而，这看起来似乎逻辑严密、无懈可击，其实是有问题的。

耶鲁大学心理学博士，曾在哈佛商学院任教13年的埃米尼亚·伊瓦拉在她的著作《转行：发现一个未知的自己》中指出了传统职业规划的弊病：

1. 你很难通过测评来准确认识自己，尤其是发现"可能的自我"

"可能的自我"是和"真实的自我"相对应的。

"真实的自我"植根于过去，和你过去的所作所为有关，而"可能的自我"则立足于现在和将来。一部分"可能的自我"通过你当前所做的事情来确定，另一部分"可能的自我"则仍然是模糊不清的，只存在于你的个人梦想之中。

你并不能通过反思来发现"可能的自我"，而只可能通过未来的实践来不断了解乃至塑造"可能的自我"。

2. 信得过的人未必能给你的职业发展提供有价值的帮助

埃米尼亚·伊瓦拉认为，自我评价、亲朋好友的忠告以及职业咨询专家的意见都帮不上真正的忙。我们真正需要的是有过相同经历并了解自己方向的指引者。打破框框并获得心理支持的最佳途径，是跳出我们平时生活的圈子，去接触新的朋友、新的交际网络和专业群体。

前一个观点，我持保留态度，但是，后一个观点我是非常赞同的——打破框框并获得心理支持的最佳途径，是跳出我们平时生活的圈子，去接触新的朋友、新的交际网络和专业群体。

3. 职业发展与规划并不是一步到位的

这点是毋庸置疑的，我倒觉得是埃米尼亚·伊瓦拉曲解了传统职业规划。

合格的咨询师肯定深刻地理解并认同这一点，恰恰相反的是，很多寻求咨询的人抱着这样一种幻想，以为职业咨询就像去医院看病一样，药到病除，或者住院一段时间就可以解决。

实际上，无论是对职业的认识，还是对自我的了解，都是一个循序渐进的过程。

了解埃米尼亚·伊瓦拉的研究后，我仍然坚持认为，掌握科学的理论和方法很有价值和意义。

当然，这还不够，还需要以下条件或方法。

建立人际关系网络

不要一提到关系就厌恶和抵制，我以前转行的时候就不是通过亲朋好友或者身边的同事找到工作的，而是通过一个在研究生实习期间认识的两年多未见的人找到的。后来我在某组织工作，临走之前把另一个朋友引进来了，根本就没有对外进行公开招聘。

实际上，很多企业或组织遇到岗位空缺的时候，第一个想到的就是身边的人中有没有可以推荐的人选。

真正有助于我们发展的人脉多半不是朋友、家人，甚至可能不是亲密的工作伙伴，而是最开始交往并不密切的关系，也称"弱关系"。

什么样的人脉有助于我们的职业发展和转变呢？

这其实不取决于人际亲密程度，也不取决于他们的身份和地位，而在于他们是否能帮助我们走出自己狭小的圈子，提供不同的信息、机会和资源。

熟人、邻居或者同一领域的同事很少能够提供不同的信息，因为我们得到信息的来源基本相同。所以，不能总在一个同质化的圈子里待着，应当跳出来探索一下外面的世界，建立一个良性而广泛的人际网络。

埃米尼亚·伊瓦拉在书中就建立人际关系网络总结了三个原则：

- **类我原则**：在建立人际网络的时候，不要总想着跟自己性格、生活环境比较类似的人，如老乡、校友等。
- **邻我原则**：在建立人际网络时，也不要仅跟与自己属于同一个生活圈子的人建立关系，如同事等。
- **共同活动原则**：在建立人际网络时，要注意与共同参加某些活动的人建立联系，如在读书会、兴趣小组、社群、培训班中认识的人。

在我们职业规划与发展的过程中，你必须敢于涉足未知的关系网络，这不仅仅是为了获得新的信息和资源，更重要的是通过与这些人的交往和联系，更容易真正地了解自己想成为什么样的人。如果你只停留在原地，固守在原来的圈子里，也就无从发现"可能的自我"，也很难获得更多的转变。

寻找一个导师或教练

导师并不是必需的，但倘若有优秀的导师或教练，对于自己的成长和发展当然会大有裨益。

导师的价值有两方面：一是对于我们所在领域的学习能够起指导作用，帮助我们在专业和能力方面得到提升；二是在情绪、情感和困难克服，乃至方向抉择方面给我们树立一个良好的榜样并起到示范作用，让我们相信自己所追求的转变是合理且可行的。

什么样的人更可能成为一个好的导师呢？

第一，他对于职业发展和个体人力资源开发有着较科学和深刻的理解与认知，能够引领你更好地进行职业探索和自我分析；第二，他掌握了一定的教练辅导的方法，个人比较建议的是建构主义的教学引导理念；第三，如果他身处你目前所在领域或者想要发展的目标领域，那就是最佳的了。

加入实践型社群

环境和群体对人的影响是非常大的，它可能是助力，也可能是阻力。

当我们想要有所转变或者进行持续改进的时候，加入一个实践型社群非常有必要。它的价值主要体现在以下几个方面：

- **信息和资源**：不管是学习资料和素材，还是职业信息和发展机会，一个优秀的社群能提供的肯定是相当丰富的。
- **压力和动力**：一个优秀的群体是由许多优秀的个体组成的，倘若这些个体还是年龄相仿、阶段相同的，那么在这样的环境熏陶之下，你看到那么优秀的同龄人都那么努力，就会形成所谓的"同侪压力"，你自然而然就会跟着向前。反之，在一个充满负面情绪、满是怨言的群体中，如果想要成长，你需要消耗额外的精力和能量来与环境对抗。
- **归属和支持**：人是社会性动物，还是有社交和归属需求的动物，而且工作生活中难免有遭遇挫折而情绪低落的时候，倘若有一个志趣相投的群体，不仅可以分享知识、共同成长，还可以偶尔分享欢乐与悲伤，那也是弥足珍贵的。

实验性尝试，渐进式发展

在转型和发展的过程中，人们容易犯两种错误：一种是天天纠结、焦虑，对现状不满可是又担心风险，最终困于一隅、踌躇不前；另一种则是高估自我，鲁莽行事，头脑发热裸辞，跳槽甚至转行，结果可能是出师不利，新工作找不到，旧单位又回不去。

这两者在本质上都是想要一步到位地实现重大的转变。可是，<u>职业发展中急切而重大的转变往往是难以实现的，最科学且稳妥的方式就是实验性尝试，渐进式发展</u>。

1. 跨出第一步

要知道自己真正想要干什么，能够成为什么样的人，唯一的办法就是走出第一步，去尝试、去体验、去想方设法努力接触这个领域或者方向的人群。只停留在原地担忧、焦虑是永远都无法改变的。

2. 渐进、小幅度变化

在我们做出重大决策之前，可以用渐进的方式，小幅度地尝试一些新的活动，看看自己是否真正喜欢，能否逐渐变得擅长。不要想着一下就实现重大转变，那不切实际，而且一旦遭遇挫折，很容易使我们变得沮丧，反倒失去了前进的动力。

3. 利用兼职和外包

利用兼职和外包可以让我们付出更少的成本和代价去创造更多的机会。比如，我们可以利用业余时间或周末去尝试和体验。另外，现在有很多临时性的外包工作或者第二职业，我们完全可以把握和利用好这些机会。

比如，《明朝那些事儿》的作者当年明月学的是法律，职业曾经是海关公务员，不过是工作之余在写书，结果竟然写出了超级畅销书。《三体》的作者刘慈欣，是水电工程系毕业的计算机工程师，愣是在正职工程师的业余时间进行写作，结果完成了《三体》的创作。

多数人在职业生涯中的选择权都是非常有限的，<u>唯有把握有限的选择权，持续努力奔跑，路才会越来越宽</u>。暂时没有目标很正常，对今后的发展方向和道路感到迷茫，甚至对自我有所怀疑，都不用过于忧虑。

学习科学理论，掌握职业规划与自我探索的科学方法，寻求和建立良好的人际关系网络，融入实践性社群，实验性地尝试，渐进式地发展，慢慢地，机会和目标总会出现。

最后，提几点小建议：

如果你还在大学校园里，请尽早去实习，尤其是综合性或者经管类专业的学生，不要等到快毕业了才发现自己什么经验都没有。找工作其实不是从毕业那年开始准备的，企业看重的也不是你自我标榜有多好学、多上进……而是你到底做了些什么，又能够做什么。

不要用考研、考证来进行自我安慰，并不是说这些就不可以，只是最好结合未来的职业胜任力来进行自我学习和提升。

机会其实无处不在，就看你如何去发现，去争取。比如，你完全可以从大学阶段就运营公众号等。

专业和学校其实并没有那么重要，如果你能够提前准备、规划并踏实行动的话。一个有方向、有规划、有行动而且见实效的求职者永远都会有市场，什么学校或专业不行，这些都是借口，最根本的是，你这个人本身到底行不行。不是别人不给你机会，是你值得别人给机会吗？

工作后还要多和一些业内人士建立联系，保持人际网络畅通，加入还不错的社群，不要故步自封，停留在自己的狭小天地。

第二章 深度思考 ▶ 武装你的头脑

有些人年纪轻轻，思想深度却远超常人，这当中是有路可循的。我们需要掌握一些高效的思考方法和科学思维工具，并在广博和精深阅读的基础上，辅以持续性的实践性反思，来实现我们认知的突破和能力的提升。

为什么有些人年纪轻轻，思想深度却远超常人
—— 个体高效迭代的逻辑

我有两个朋友，年纪轻轻，思想深度却远超常人。

一个叫叶修（后文称他为 A 君），从事教育行业，给不少区域教育局领导、校长和教师进行过培训，后来他写了一本书，叫《深度思维》；另一个姓名不方便透露，是个特立独行的自由投资人（后文称他为 B 君），应该已经在通往财富自由的路上了吧。

为什么他们年纪轻轻，思想深度却远超常人呢？

这跟学历没有必然的联系。A 君是本科毕业，算不上高学历，毕竟这年头对于稍微好点的公司来说，本科学历差不多算是最低门槛了；B 君呢，大学还没毕业就辍学了，因为觉得学校的老师教得不好，还不如自学。

和学历没有必然的联系，那是哪些因素导致的呢？

要透彻地回答这个问题，还得从思想形成的过程去理解。人的思考本质上是一个"信息输入—信息处理—信息输出"的过程，如图 2-1 所示：

图 2-1 思考的本质过程

当然，严格来说，这三个阶段并不是截然分开的。要对信息进行处理并形成认知与智慧，单靠在头脑中凭空思考是行不通的，需要我们运用所掌握的信息和所学知识作用于外部环境或事物，在实践中去操练、感受和体验，从行动与结果中得到反馈，而后才能融会贯通，最终形成认知与智慧。

人的思想是在一次次的"信息输入—信息处理—信息输出"中不断积累与沉淀，从而在宽度、深度和缜密度等方面得以发展和提升的。

到底是哪些因素导致了人与人之间思想与认知的差异呢？

思考方式

在《学会提问》一书中，作者布朗提到了两种不同的思考方式：海绵式与淘金式。

- **海绵式**：被动的思维方式，对所获得的信息照单全收，不加甄别与筛选。

- **淘金式**：主动的思维方式，对所获得的信息进行分析、过滤、筛选和取舍，也就是图2-1中的信息处理环节的各种活动。

海绵式思维相对被动，也比较省力，只需要开启记忆功能就可以了。但它的缺点也很明显，很难形成独立的思考和深入系统的认知。

淘金式思维，无疑会很耗脑细胞，因为你不但要对所吸收的知识进行记忆，还需要不断地与这些知识进行互动（质疑、验证、甄别、筛选、重组等）。可是，一旦你掌握了这些技能，养成这个习惯，则会受益无穷，就像修炼了《易筋经》一样，脱胎换骨、洗心换髓。

海绵式思维是最常见的，因为人的本能其实是贪图安逸和享乐的，所以我们倾向于按照习惯或者流行的观念来思考，很容易听从本能和情绪的操控，结果就是"胡吃海塞"，即便看起来是在不停地学习，实际上一遇到问题就晕头转向、束手无策。

要改变这种情况，则必须让我们的思考从本能进化为技能，由海绵式的自然思考转变为淘金式的批判性思考。

在现实生活中，很多人总喜欢拿经验、资历和年龄说事儿。

我并不是否认经验的作用。但是，倘若一个人没有自己的思考和提炼，不能从思考方式上实现转变，那么，即便他活上 100 年，也很难实现质变。

人格特质

批判性思考，其实包含两方面的内容：一是批判性的思考方法和技巧，二是支撑或者驱动我们去进行批判性思考的深层次人格特质。

各种所谓的思考方法和技巧，学起来其实也不是那么难，真正难以改变的是深层次的人格特质。

一、主动

太多的人，根本就懒得思考和动脑。

网络上有个很流行的"奶头乐"理论。

据说，1995 年，在旧金山举行了一次集合全球 500 名经济界、政治界精英的会议，与会者一致认为全球化的高度、快速、激烈的竞争将使全球 80% 的人口"边缘化"，而这 80% 的人口与 20% 搭上了全球化快车的人口之间的冲突将成为今后的主要问题。美国国家安全顾问布热津斯基及时建言献策，创造了一个新词汇——"奶头乐"，英文"奶头"与"娱乐"的组合，意指要使这 80% 的人口安分守己，另 20% 的人高枕无忧，就得采取温情、麻醉、低成本、半满足的办法卸除"边缘化"人口的不满。

这听起来很残酷，但和现实还是有几分贴近的。

一个人要是自己都懒得动脑和思考，整天沉迷于娱乐八卦，对自己的生活都无动于衷，那是任谁都没辙的。

所以，主动积极的人格特质是第一位的。

二、独立

环境的影响有时是如此之大：你想早起，却发现寝室的同学都还在呼呼大睡，于是你瞬间就没了动力；你想看书，结果寝室的同学非要拉你一起"吃鸡"，你拗不过，只好来一局，结果就一发不可收拾了，然后一天的时间就没了。

不仅仅是生活方式，在一些观点和思考方面，也是同样的道理。职业抉择（如找工作、考研）、投资理财（如股票、期货、区块链、比特币）等，任何一个重大问题或抉择，你都可以听到几乎完全对立的观点。众说纷纭之际，你又是如何思考与抉择的呢？

就我对身边的人的观察来看，那些有思想深度的人都是属于有独立思考和主见的人。

可以说，有勇气开始独立思考，敢于不断质疑，通过自己的逻辑和推导得出相对科学合理的观点，是值得我们每一个人为之尝试和努力的。

三、坚忍

但凡一个稍微复杂些的问题，如果你从陌生开始，要在这个领域真正做到独立思考，绝对少不了一番艰辛的上下求索。

比如前文的 A 君，在学习策略和思维方法上不断给自己挖坑、填满，然后再挖坑、再填满……这个过程是持续不断甚至是无穷无尽的。

至于 B 君，据我了解，当初投入一个全新领域的时候，早期仅资料费就花了 5 位数以上的人民币，而且经常研究资料到深夜。当然，中途也还是少不了亏损和失败。好在他后来的心态和策略都逐渐调整过来了，有了更多的经历和反思，这才有了自己的思考和认知。

没有坚忍，一遇挫折便放弃，就不能长久；不能长久，也就无从积累；不积累，独立和深度就缺乏根基，成功也就无从谈起。

四、开放

我们每个人都有自己的思维弱点、局限，甚至是盲区。

我们很容易就陷入自我中心主义的陷阱，有自我服务的偏见，倾向于高估自己，并且很容易变得固执、傲慢与狭隘。

不信？你去做一个调查，很简单，请根据自己的外貌、长相或品行，估计一下自己在人群中处于什么水平。

结果可能是 80% 以上的人都会认为自己处于平均水平以上。

除了自我服务的偏见，我们还很容易表现出固执的倾向，对于新事物和别人的观点缺乏兴趣，甚至漠不关心。

和不同的人交流，留心观察的话你会发现，不同的人可能会有截然不同的反应：有些人基本上没有自己的主见，缺乏自主的分析和判断；有些人则是有非常强烈的自我意识和观点，可惜的是，他们很难去理解别人的感受和观点，以至于变得封闭，也因此停滞不前；还有些则是我极为欣赏的，他们有自己独立的思考，但同时又秉持开放的心态，对一些新鲜的事物或者别人的观点很感兴趣，能够在批判、甄别的基础上去吸收和改进。

对于第三种人而言，他们聚焦的是问题或观点本身，关注的是目标的实现或者结果的改善，至于这是"你的观点"还是"我的观点"，无关紧要。所以，他们能够对自我进行批判，如果被证明自己之前的观点有错误或者方案不够好，他们不但不会恼羞成怒，反而会觉得是一件好事，因为自己又有了提升。

总而言之，主动、独立、坚忍、开放，是驱使和支撑我们进行批判性思考的性格基础，也是一个人思想深度得以形成的根本条件，如图2-2所示：

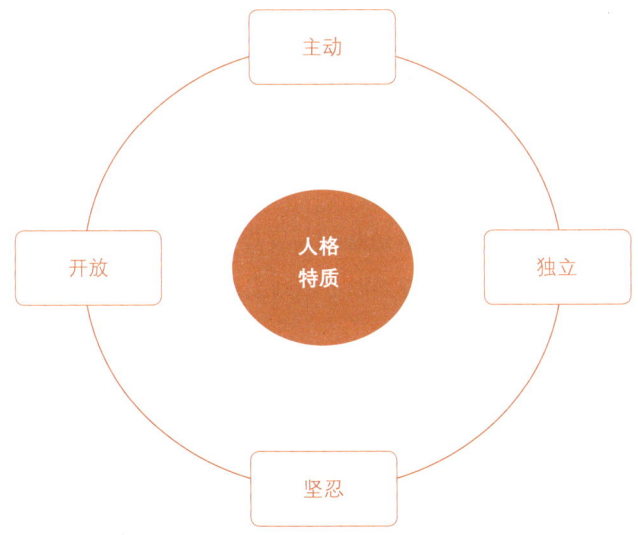

图2-2　批判性思考的人格特质

知识结构

虽然我一再强调思维方式的重要性，可实际上，心理学研究（书籍：《像心理学家一样思考》）早已证明：

1. 通过形而上的方式并不能学会批判性思维（你不能仅仅通过教授批判性思考的几个原则就能使人具备批判性思考的能力），只有在不同学科或领域的具体学习实践中才能学会。

2. 要想在某个学科上像专家一样进行思考，就必须掌握该学科的大量基础知识。

举个例子，对于批判性思考本身，我可能说得头头是道，可我真正能够做到批判性思考的，多半是在人力资源领域，而且是其中的一些细分领域，你让我去做财务，就不行了。

因此，思想的深度其实有赖于有效的知识结构，否则，就成了海市蜃楼，看着很美好，似乎触手可及，可其实遥不可及，始终无法抵达彼岸。

个体高效迭代的逻辑

思维是核心与起点，性格是基础与支撑，知识则是最外层的桥梁与纽带。个体的高效迭代需要遵照以下原则或逻辑，如图2-3所示：

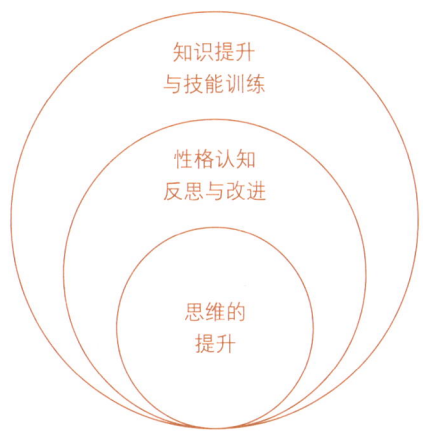

图 2-3　个体高效迭代的逻辑

1. 由海绵式思考转变为淘金式思考，掌握批判性思考的方法和技巧。

2. 对自我的性格进行认知与了解，并在行动中进行反思、体察、调整与改进。

3. 结合专门领域和重要领域的知识，让自己拥有更多的人生智慧，以及过硬的专业能力。

掌握这些规则，让你的思考从本能进化为技能
——卓越思考的八大标准与三大层次

下面，我们专门讲解一下具体的思考方法和技巧，一旦你能够掌握并在日常学习、生活与工作中灵活运用，那么你的思考就能够由本能进化为技能。

卓越思考的八大标准

所谓"卓越思考"，本质上就是批判性思考。

但是，很多人误解了批判性思考。我有一个同事，非常聪明、能干，一听我提"批判性思考"，就跟我说年轻人不要老是批判，心态要开放些，多去体验和尝试。

唉，我觉得自己没有被理解——批判性思考可不是为了批判啊，更不是找碴儿。批判性思考的目的其实是改进，只不过恰恰因为要改进，才需要我们去调查、评估和判断，而不是人云亦云或者跟着感觉走，如图2-4所示：

图 2-4 批判性思考的内涵

《学会批判性思维：跨学科批判性思维教学指南》一书的作者是这样解释批判性思维的："我们可以把批判性思维的标准看作一组屏风或过滤器，对我们接收到的信息进行批判性的分析，筛出那些不清晰、不准确、不相关、不重要、不一致的信息。"

书中还归纳出了批判性思维的七大标准：

1. 清晰性；

2. 准确性（精准性）；

3. 重要性、相关性；

4. 充分性；

5. 深度；

6. 广度；

7. 正确性。

我在此基础上增加了一个"公正性"，并调换了一下顺序，变成了：清晰性、正确性、准确性（精准性）、相关性和重要性、深度、广度、充分性和公正性，如图 2-5 所示：

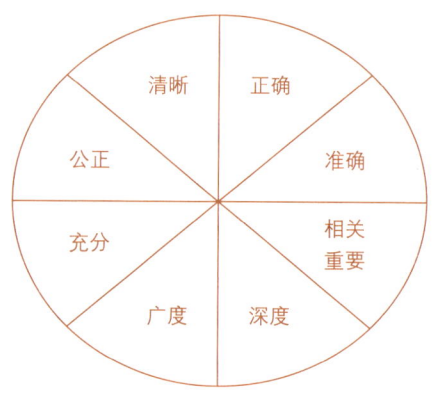

图 2-5 批判性思维的八大标准

一、清晰性（清楚、明白）

当我们遇到问题或者与人沟通的时候，首先必须确认的就是：问题或内容是否清晰？有没有疑问或者歧义？自己真正地理解了或者清楚地表达了吗？

为了满足清晰性的标准，让我们的思考和沟通更为顺畅，我们可以借助以下方法进行操作。

自己进行思考的时候：

- 努力提炼主题或思想，而且用尽可能清晰的语言，以避免歧义。
- 看看自己能否把它清楚地说出来。
- 写下自己的思想，再读一读，看看是否有歧义或者难以理解的地方。
- 举出一些例子，包括正面的和反面的。

比如，"财务自由"这个词，我们就可以借助上面的方法进行思考：能否用自己的语言清楚地把它表述出来？写下来之后读一读，看看效果如何。举些例子，包括财务自由和不自由的例子。

表达、沟通与交流的时候：

1. 勇敢地说出来，克服胆怯，不要害怕（需要你有勇气和厚脸皮）。
2. 说出来之前预先想清楚（要点和逻辑需理顺）。
3. 预先考虑其他人会不理解的地方（注意"你表达的"和"你想要表达的"这二者之间的区别）。
4. 用不同的语言或方式来说明，或者举例说明（正面和反面例子）。
5. 从其他人对你话语的理解的反馈中加以补充、调整或改进。
6. 要求别人详细描述他的观点。
7. 要求别人换个方式（换句话）表达同样的观点。
8. 要求别人举例说明。
9. 用自己的话重新组织别人的观点，并反馈给对方以验证。

前五个主要是用于表达，后面四个则是用于倾听和理解。

比如，"这个人不行"就不够清楚和明确，"不行"到底是什么意思？具体是哪方面不行？怎么就不行呢？能不能详细说明？举个例子？……

二、正确性（真实、可信）

有些时候问题或观点本身是清晰的，可是未必正确。

举个简单的例子，"冯老师今年30周岁了"，这句话表达的意思就很清楚，可是不正确啊：他还没到30周岁呢。再如稍微复杂一些的，"毕业的时候一定要去大公司，规模越大越好"，这个观点也未必正确。

正确与否的衡量标准：它是否描述了事物的真实或实际情况。

哪些因素会对我们思考的正确性形成阻碍呢？

在《学会批判性思维：跨学科批判性思维教学指南》中，作者提出了几个重要的因素：

- **惯性或信念**：一些过去的习惯导致未经反思而近乎本能的认同，或者是一些已经固化了的信念，如很多人一提到职业就想当然地认为是给人打工或者在某一个组织内拥有一份稳定的、固定的工作。
- **情绪和情感**：由于一些情感因素而自我麻醉或蒙蔽，不愿意去相信，最常见于热恋中的男女之间，或者最亲近的人之间；或者由于贪婪与恐惧等不能进行理智分析，典型的如股票等投机行为。
- **轻易下结论**：听风就是雨，别人说什么都信，或者随意一个信息来源就影响了他的观点与判断，根本不会去亲自检验和深究。

那么，怎样才能让我们的观点变得更加正确、更加符合真实的世界呢？

其实就三个核心问题：

- 这是真的吗？
- 我们怎样才知道它是真的／正确的？
- 我们如何证明它是真的／正确的？

为了很好地回答这三个问题，我们又需要：

- 把一些信仰视为假设，在它被检验或被论证之前都只是暂定的。
- 不要轻易下结论，也不要被一厢情愿的想法所蒙蔽。
- 对信息进行核实，分析其中可能存在的问题。
- 对信息的来源进行分析，确保它是可靠的、值得信赖的。
- 搜集更多的信息，进行更多的论证和推理。

最重要的是，养成一种"假设—质疑—验证"的习惯，对于我们所相信的、所看到的和所听到的内容都按照上面的方法来进行分析和验证。

三、准确性（精确、具体）

正确是对真伪与是非的判断，准确（精确）则更多的是对程度的衡量。

"姚明很高"，这句话是正确的，可是到底有多高呢，还不够精确。"姚明很高，净身高是 2.29 米，科比·布莱恩特 1.98 米的身高，也只到姚明的下巴"，这句话相对而言就更为精确了。

一般来说，肯定是越精确越好。比如，我们汇报成绩的时候，有具体而精确的数据支撑就显得特别有说服力。当然，精确性有多高的要求其实取决于具体的目的和情形，这个需要和后面所讲的充分性结合在一起来考虑。

四、相关性和重要性

"相关性"要求我们关注与我们相关联的问题（少关注娱乐八卦）。"重要性"要求我们在考虑某个重要问题的时候，聚焦于这个问题本身，尽可能地消除情绪的影响，避免把不相关的问题牵扯进来，或者对问题做出不相关的回答。

那些拿些不相关的资料或陈述来反驳别人的，要么是蠢，要么是坏。蠢，是因为不懂逻辑；坏，则是故意混淆视听。

那么，怎样才能让我们的思考满足重要性和相关性呢？

• 聚焦于重要的问题上，想想如果这个问题处理不好，会对我们有怎样的影响，正面还是负面，影响程度有多大。

• 聚焦于相关的事情上，想想它和我们之间有何关联，对我们的生活会产生什么样的影响，有哪些影响，多大的影响。

- 论证的时候,不要忘记我们的目标,经常检验我们是否走偏,和讨论的问题本身有何关联。

五、深度;六、广度

深度和广度放在一起来分析,因为这两者合在一起就决定了你的观点或方案能否切实回答或者解决问题。

为了更好地理解它们,我用两张图来说明。下面先看第一张图(如图 2-6 所示):

图 2-6 缺乏思考深度的结果

图 2-6 中的人为何一直挖不出水来呢?

因为浅尝辄止,缺乏深度!

现实中很多人好像什么都会、什么都懂,可是,你让他真正去做事情的时候,却几乎没有一件能做好的。所以,其职业发展之路往往也是相当坎坷的。

因为他从来都没有围绕某个领域进行深入积累，在各个地方都浅尝辄止，思维缺乏深度，自然无法胜任任何一个领域或者职业的高端工作，医生、律师、设计师、管理咨询师……哪一个不需要以精深的专业知识为依托？

有些人可能会一拍脑袋，呀，好有道理啊……

可是，我再放一张图，结果就不一样了。如图2-7所示：

图2-7　缺乏思维广度，思维局限或狭窄的结果

图2-7中，如果你在图的左边，哪怕你再使劲挖，也挖不到水啊。

这时候，你反倒应当换一个地方才可能挖到水。

这就类似在职场中，有些人在某个细小的领域钻得非常深；可是这个领域太窄了，以至于怎么努力钻研，回报都非常有限，甚至某一天不需要这个岗位了，他们一下就陷入失业的状态了。

所以，结合深度和广度来看，我们可以获得一些启发：

- 一个方案要想真正落到实处、产生实效，必须要有深度。比如

"好好学习，天天向上"，这个观点的问题就在于缺乏深度，话是没错，可是学习哪些内容？提升哪些方面？怎么来学习？如何来提升？……需不断细化、深挖。

- 一个方案要想真正落到实处、产生实效，还要有广度，如经营一个企业，需要考虑方方面面，你单纯从财务、人事、销售等任何一个方面考虑都是不够的。

- 对于我们个人知识的积累和能力的培养，也需要同时具有广度和深度，这样，我们就有了专业支撑，也会有较为开阔的视野和灵活的应变能力。

如何让我们的思考既有深度又有广度，这就涉及纵向思考与横向思考了，留待后文详解。

七、充分性（实用性）

充分性，意味着对得出的结论而言，已经做了足够彻底的推理，所需要的内容都很充足，也考虑了所有必需的因素。

当然，在实际情况中，很多时候并不是说要考虑得非常全面、非常仔细之后才着手去做，因为现实本身是很复杂的，也在不断变化。

比如，有时候，医生必须在有限的时间内，对生命垂危的病人做出正确的病情判定并制订治疗方案，不然等人死了，方案准备得再充足又有什么意义呢？企业家必须在限定的时间内，对市场变化迅速做出反应，毕竟很多时候计划赶不上变化。

因此，充分性和实用性需要一定程度的结合。那么，我们应该怎么做呢？一方面，我们需要"谋定而后动""三思而后行"，做什么事，还是尽可能做好分析、规划与安排；另一方面，我们又必须承认外部环境中的很多因素是我们无法完全掌控的。

八、公正性

前面几个标准更多地和"事"相关，而公正性则更多地与"人"相关。

这里的公正性，我想谈两点：一是与他人相处的时候尽可能考虑对方的处境和利益，以便真诚而真实地理解对方的观点，防止出现自我中心主义的倾向；二是思考自身与社会的关系时，既要意识到不公正的存在，又要承认社会有它公正的一面，否则你的心态就会变成受害者心态而不是责任者心态。

我不想有太多空洞的说教，只谈实际的，下面我就从我们每个人的自身利益出发来分析一下。因为人大都是自私的，都看重自己的利益，所以，我们要尽可能公正，考虑对方的处境和利益，如此才能获得对方的尊重，取得与对方的合作。所以，最好相处的人其实就是聪明人，因为你不用多说什么他都懂，交流与合作的成本大大降低。

至于社会的公正性，其实也是一样的道理。如果你坚持认为社会全然不公，最终损害的其实是你自己的利益，因为你会以此为借口，对社会充满怨恨，却不从自身去寻找原因，从而失去了改进与提升的机会。

其实市场经济总体上是公平的，市场经济的根本特点是交易，而交易是双方自愿进行的，符合双方的利益，交易才能进行。

所以，在我们的思考中倘若能很好地遵循与融入公平性的标准，无论是对他人、对社会，还是对自己，都是一件非常好的事情。

卓越思考的三大层次

卓越思考有八个非常重要的标准：清晰性、正确性、准确性（精准性）、相关性和重要性、深度、广度、充分性和公正性。

这八大标准，可以概括为三大层次，如图 2-8 所示：

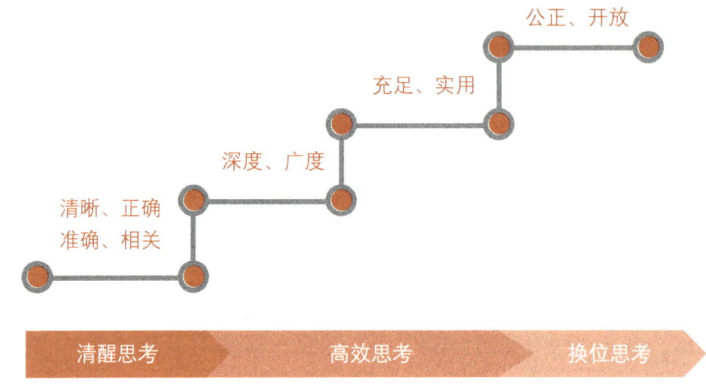

图 2-8　卓越思考的三大层次

- **清醒思考**：清晰、正确、准确、相关；
- **高效思考**：深度、广度、充足、实用；
- **换位思考**：公正、开放。

清醒思考让我们明是非、辨真伪，不会轻易被人蒙蔽或者受骗上当；高效思考，目的是思周全、行有方，完成工作和任务的时候能够考虑周全，有深度、有广度，达成目标、完成绩效；换位思考，尽可能心开阔、气平和，与人沟通或者团队合作与领导别人时能够让人信服，便于理解和沟通。

通过不断地反省与修炼，我们最终"理事、达人，走向卓越"。如图 2-9 所示：

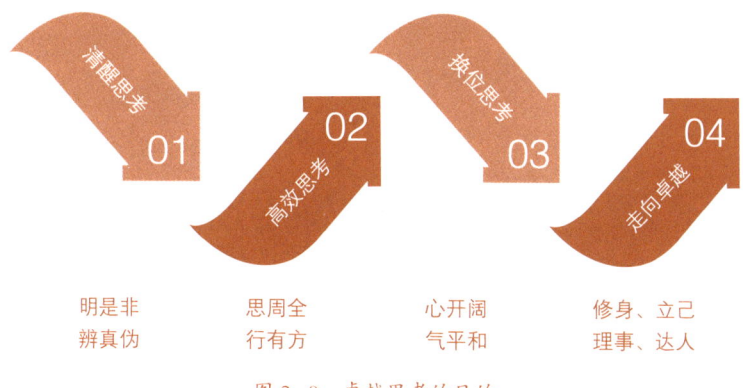

图 2-9 卓越思考的目的

当然，这不是件容易的事，尤为困难的是把这些方法技巧"内化于心、外化于行"，找准自己的方向和领域，博学之，明辨之，慎思之，笃行之。

用科学研究思维,提升我们的竞争力
——高效问题解决策略的核心逻辑

我不止一次收到这样的私信:大意就是自己马上要大学毕业了,可是感觉在大学里什么也没学到;又或者是已经毕业多年了,可之前的工作并没有让自己学到什么技能,也没有积累下宝贵的工作经验。缺乏一技傍身,没有良好的家庭背景,对工作、未来都感到一片迷茫,不知道自己今后该怎样去更好地发展。

每次遇到这种咨询我都感到很为难:一方面是因为他们并不打算给我咨询费用;另一方面则是因为他们往往都有些急于求成,或者临时抱佛脚。

要解决这些问题,改善这些情况,最根本的还是在于自身。而掌握和利用科学研究思维,则是其中一个很重要的手段。

说得那么玄乎,其实很简单:

- 发现问题
- 分析问题
- 解决问题

我再补充一下：

- "发现问题"，细分为"界定/描述"与"测量/评估"；
- "分析问题"，找到问题的关键；
- "解决问题"，一方面是"改进"，另一方面是改进后的"控制"。

这就从简单的三部曲进化为五个步骤的流程了，如图2-10所示：

图2-10 "DMAIC"改进方法

把图2-10中五个英文单词的首字母连起来就形成了"DMAIC"改进方法。

"DMAIC"改进方法最初是六西格玛管理的核心与精髓，主要用于生产管理与绩效改进。当然，它的应用远不止于此，可用于学习和工作的方方面面。

职业规划与求职

很多人进行职业选择的时候都会遇到不少困惑，也有些人稀里糊涂就选择了一份工作，到后来悔不当初。

第一份工作当然不会决定我们的一辈子，但还是有重要影响的。因为你找下一份工作的时候，大多数企业和 HR 是根据你的上一份工作来判断你的。所以，借助科学思维在职业规划之初就进行明智的选择还是很有价值和意义的。

一、界定 / 描述（Define）

这里的目标显而易见：找一份好工作。

可是什么样的工作才算是好工作呢？似乎并没有标准答案。

不同的人确实有不同的价值观，无法一概而论，不过我还是觉得一份好的工作至少应当符合这几个条件：

- 一份足以保障你生活的收入，这是基础。
- 行业整体处于上升期或有一定的前景，这样的话你就不用担心公司倒闭。
- 一个能让你不断学习和成长的平台，这样才有更多的机会。
- 最好还要有一个优秀、上进、靠谱的团队和上司。

如果满足这些条件的话，是否是 500 强都不是问题，不要被所谓的名头或表面的东西所迷惑，要抓住关键和本质。

这是非常重要的一步，界定或描述得越详细，你的目标就越清晰，找工作就越有方向，不至于漫无目的、毫无选择地海投，浪费大把时间和精力。

然而很多人其实就败在这里，比如某海归留学生找我咨询，我问的第一个问题就是她想找一份什么样的工作，能不能给我清楚地描述和界定一下，结果是她说不清。

二、测量/评估（Measure）

有了目标和相对清楚的标准，就可以对现状进行测量和评估了。

这个相对简单：想找到一份好工作，可目前还没有，这就是理想（目标）与现实之间的差距，也就是需要我们去解决的问题。

怎么去解决这个问题，实现理想的目标呢？

这就需要我们对问题本身进行分析。

三、分析（Analyze）

对这个问题进行分析，其实就是对现状与目标之间的差距进行分析：

- 什么原因导致了这种差距？
- 哪些因素会阻碍我们实现目标？尤其是重点及关键因素。

为了尽可能深入而全面地分析，建议采用结构化思维的方式进行。

举个例子：如图 2-11 所示，这些你能记住多少？给你的感觉如何？

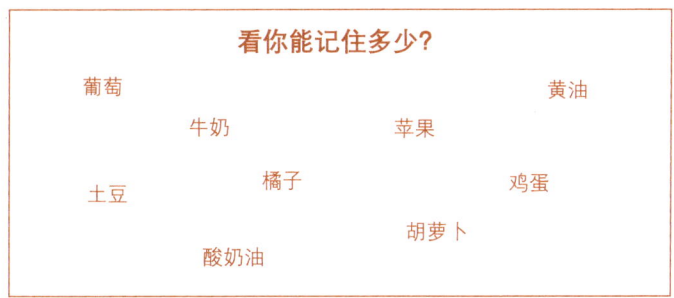

图 2-11 未经结构化思维整理的事物

我们对它进行梳理和优化，如图 2-12 所示：

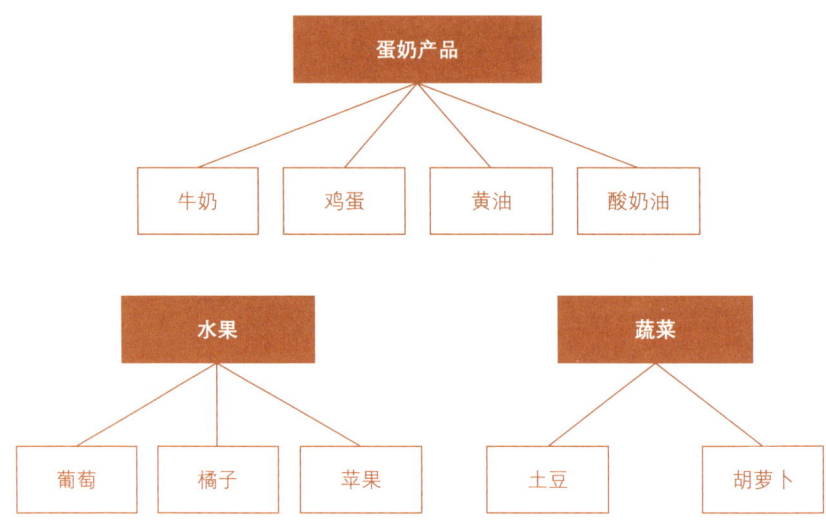

图 2-12　用结构化思维进行分类梳理之后

是不是感觉头脑瞬间清楚了？

实际上，在现实生活与工作中，我们在分析和解决问题、沟通、演讲与表达的时候，之所以会出现各种混乱的情况，大多是缺乏结构化思维导致的。

用好结构化思维，只需要运用三个技巧：（1）纵向疑问与回答；（2）MECE 原则；（3）深挖、细化、整合。

1. 纵向疑问与回答

从顶层开始提问，下一个层次是对上一个层次问题的回答。

问：决定应聘是否成功的因素有哪些？

答：学历、学校、经验、成绩、能力、长相、身高、知识、家庭背景……

这种回答就显得非常凌乱，缺乏逻辑和条理，很难形成系统认知，也抓不住关键。

所以，我们要借助第二个原则——MECE 原则来进行分析。

2.MECE 原则

MECE 原则是麦肯锡的第一个女咨询顾问巴巴拉·明托提出的一个非常重要的原则。

MECE 的意思是"相互独立，完全穷尽"：

- 各部分之间相互独立：没有交叉和重叠。
- 所有部分完全穷尽：没有遗漏。

我们用这个原则再来一次问答。

问：决定应聘是否成功的因素有哪些？

答：外部环境因素和内部自身因素。（看看是否相互独立且完全穷尽）

问：外部环境因素有哪些？

答：机遇、关系。（有没有其他遗漏的呢）

问：内部自身因素又有哪些？

答：内在因素和外在因素。

问：内在因素又有哪些呢？

……

3.深挖、细化、整合

通过这样不断深入地分析，进行深挖和细化，就可以全面而深入地进行自我认知和分析了，如图 2-13 所示：

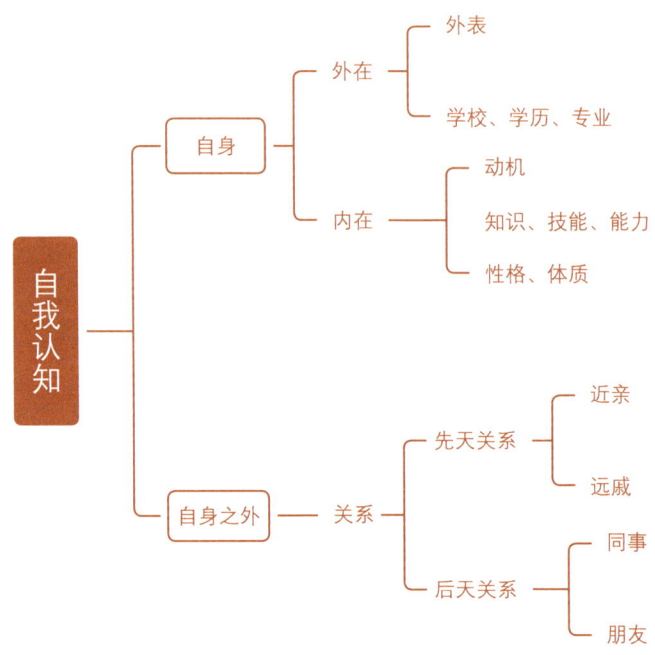

图 2-13 整合结果示例

这里还必须注意三点：

- 必须以目标为导向，结合目标行业、单位和岗位进行分析。
- 区分关键因素与非关键因素，门槛因素与非门槛因素，重点放在关键因素，但也要考虑门槛因素（某个方面的硬性要求）。
- 区分可控因素与不可控因素，自己无法控制和改变的就只能接受。

参照以上逻辑，结合几个注意事项，我们就可以自己进行分析和整理了。

在这个过程中，理解是否到位，分析是否深入，决定了我们的职业规划是否科学，也会在很大程度上影响我们的求职过程和求职结果。

四、改进（Improve）

问题明晰了，对造成问题的原因以及实现目标的阻碍因素，我们就可以有针对性地加以改进了。

举个例子，你的求职技能与面试技巧不足，就完全可以通过制订与实施行动方案来加以改进。

至少可通过以下三种方式加以改进：

- 自学相关知识和理论，自己练习和提升。
- 请教前辈，访谈，接受辅导。
- 组队练习，实战模拟。

当然，有些东西改变起来并不容易，这也是为什么我们强调职业规划包含了踏踏实实的持之以恒的行动。它是一个持续的过程，并不是一步到位的，是随着实际情况不断调整的。

五、控制（Control）

监督自己的行动，不断改进方案，评估其实施效果，并不断地进行调整和优化。

找工作的过程本质上就是一个分析与解决问题的过程，在这个过程中，你是否有自己清晰的思路？用怎样的标准来要求自己？付出了怎样的行动与努力？怎样去借助各方力量和资源？有没有可能更好地组织和领导其他人？这些无疑都是一个人能力的体现。

所以，我们可以把握这个自我锻炼和提升的机会，去反思自己，去总结和提升，甚至把它提炼梳理出来，用来指导别人。

解决工作中遇到的问题

假设这样一个情形：你是某房地产公司销售经理，你亲自招聘的某下属绩效一直不佳，你打算怎么办？

头脑最简单的就是："开除！"

头脑聪明一些的会说："那得看情况了。"

不错，但是看什么情况呢？具体该怎么处置？

一、界定 / 描述（Define）

我们都知道应当先问"是不是"，再问"为什么"。比如，你若直接问"为什么好多高学历的人，都在给低学历的人打工？"这就明显不符合逻辑了，应当先质疑这个问题本身。

同样的道理，此处对于下属的处置首先是要对现状进行界定和描述。

对于这个下属，我们有没有设定相应的绩效目标或标准？设定的绩效目标或标准是什么？目前他的绩效到底如何？有什么数据或者材料来支持或证明？

二、测量 / 评估（Measure）

绩效不好，到底是有多不好？和目标的差距有多大？问题是否严重？

这两步（界定/描述与测量/评估）是前提，首先必须确定它是一个真正的问题，比如你的这个信息如果是来自其他员工，万一是有人恶意告状、搬弄是非呢？

三、分析（Analyze）

对问题进行界定和评估之后，他的绩效确实不好。

那么，是什么因素导致了他的绩效不佳呢？

- 是外部环境因素还是内部组织因素，或是员工个人因素？
- 如果是外部环境因素，员工自己能不能控制？
- 如果是内部组织因素，是激励机制的问题，还是资源不足的问题，或者是流程方面有障碍，等等。
- 如果是自身的因素，是动机和态度问题，还是能力问题？能力问题的话，到底又是哪些方面能力不行？

四、改进（Improve）

界定了问题，明晰了原因，就要寻求改进对策与方案了。

对策和方案一定是和原因挂钩的：

- 如果是外部环境因素，员工又不可控，那也不能对人家怎样。
- 如果是内部组织因素，就把能做的做了，不能做的就向上级反映。
- 如果是员工个人的因素，是态度和动机问题，那我们就要考虑公司的激励机制有没有问题；如果是因为知识欠缺，我们就要看看能否通过培训加以解决。
- 如果是个人的问题，我们首先应该看能否帮助他改进；如果实在没有办法，然后看有没有可能调岗；还不行那只有淘汰，淘汰的时候要考虑法律相关的规定。

如果我们能够分析到这个程度，就已经不错了。

但实际上，还不够，还有最后一步，监督控制以及预防再次发生。

五、控制（Control）

这里主要涉及预防再次发生及标准化的问题。

如果一个员工的绩效就是不好，说明我们当初的招聘工作可能做得不够，那就要考虑招聘时哪里做得不好，才导致选错了人，是招聘标准问题、渠道问题，还是面试考查方法的问题，要尽可能去改进。

虽然没法做到百分之百准确，但应尽可能准确，不断追求卓越，这样才能预防问题再次发生。

整个分析流程如图 2-14 所示：

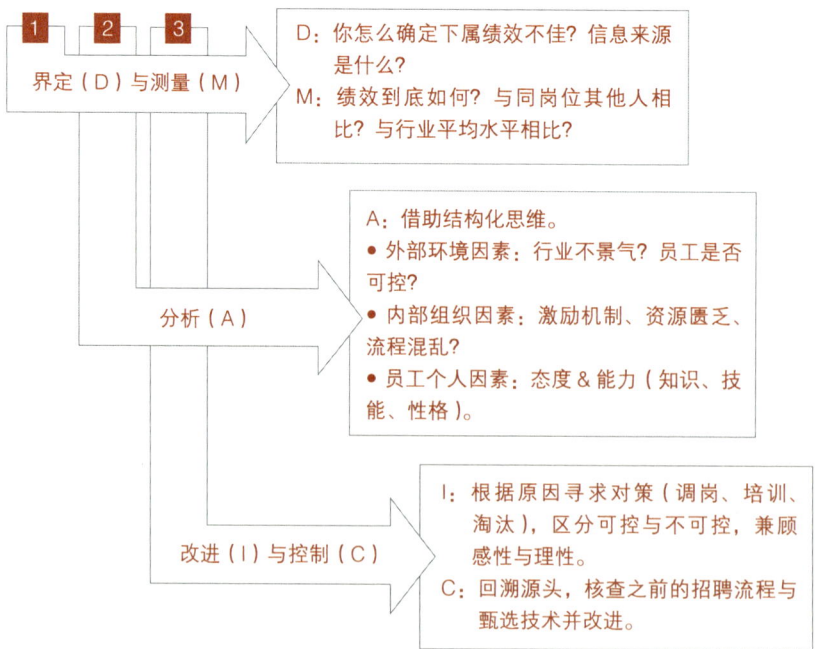

图 2-14　下属绩效问题的 DMAIC 改进模型

提升自己的情商

对于怎么提升自己的情商，网上有各种各样的文章和建议，比如：

- 话别说太满。
- 不揭人短处。
- 看破不说破。

这些当然都没错，但是不全面，没有抓住情商的本质，也很难在真正意义上提升我们的情商。

那么，要想真正取得实效，我们应当怎么办呢？

1. **界定/描述**（Define）：情商到底指的是什么？它包含哪些内容？有哪些细分的衡量指标？

2. **测量/评估**（Measure）：进行自我评估与判断。可以借助相关的专业测量工具，或者按照前面讲的结构化思维的逻辑进行推导。

3. **分析**（Analyze）：除了测评，还要分析，一方面是对于测评结果的分析，另一方面则是对情商各个方面的成因进行分析。比如你的情绪识别能力差，原因可能有很多方面：你不了解人的情绪以及情绪的发生机制，不知道常见的社交场合人们处世的规范与准则，等等。

4. **改进**（Improve）：要提升情绪识别能力，那你就要去了解人都有哪些主要情绪，情绪是如何引起的，等等。要提升感染力和号召力，你要去分析别人有怎样的需求，沟通有哪些方法和技巧，又有哪些领导规则或艺术，等等。最重要的是，通过模拟练习以及实践应用逐渐提升和改进。

5. **控制**（Control）：在改进的过程中进行自我监督、反馈和调整。

高效问题解决策略

科学研究思维本质上就是高效的问题解决策略,它的核心逻辑是 DMAIC 方法。

当我们遇到问题的时候,首先应当是对问题进行界定、描述与评估,明晰我们的目标和现状,而后分析造成现状的原因,在此之前我们不应轻易下结论。

在此过程中,我们可以借助纵向提问和答疑、MECE 原则进行分析,并通过文献分析、资料检索,以及咨询访谈等方式寻求答案。

我们也可以借助科学研究思维提升竞争力,慢慢增加我们对生活的理解,逐渐获得更多的人生智慧。

但我们要谨记,光靠所谓的思维方式和技巧是无法形成智慧和洞察力的,思考分析本就是基于知识积累和经验沉淀的。因此,阅读和知识体系的构建同样很重要,这些内容留待后文详解。

怎样的阅读，才能真正产生价值
——通过高效阅读，培养一种好的思考方式和习惯

读书和赚钱以及成功并没有什么直接的关系。

但读书有它的价值和意义。

读书的价值

人的经验可以分为两大类型：一类是直接经验，另一类是间接经验。

直接经验，是指亲身参与实践而获得的知识和体验；间接经验则是从书本或别人那里得来的知识和感悟。

读书就是间接经验，其价值主要体现在两个方面：

• **时间方面**：可以大大提升我们的学习效率，避免由于自己从零开始探索而浪费时间。

• **成本方面**：有些事情比较复杂，甚至还相当危险，没有前人的指导，我们贸然行事很可能会造成麻烦或损失，甚至带来不可逆转的伤害。

实际上，如果一个人从来不读书，也不对现实进行思考和检验，他的观点就很可能存在谬误，见识恐怕也少得可怜。有些人大半辈子活得稀里糊涂的，就是源于其不读书、不思考，只活在自己狭小的世界里，所以一直都跳不出这个局限。

但是，要真正凸显读书的价值，则务必注意两大方面：一是选择好书，并构建一个合理的知识体系；二是学会高效阅读，在阅读中思考和提升。

怎样选书

如果纯粹是娱乐消遣，那就没有什么标准或原则，随自己的兴趣爱好来，读书的过程中能体验乐趣就足够了，不需要什么方法和技巧。

如果是为了学习提升，情况则大为不同。

梁启超在清华大学的一次演讲中提到，要实现"不惑"："第一步，最少须有相当的常识；进一步，对于自己要做的事须有专门的知识；再进一步，还要有遇事能断的智慧。"

我觉得可以把这句话作为一个构建自己知识体系的原则——一个比较好的知识体系应该是有通用的常识、专门的知识的，这就要求我们在广博的知识的基础上结合自己的专业和领域进行深入学习。

- *广博的知识*：人类、历史、政治、哲学、心理等书籍，只读经典，此为知识的广度；
- *专门的知识*：结合自己的专业和今后可能从事的职业进行深入学习和系统构建，此为知识的深度。

具体来说，怎么选书呢？

1. 找这个领域的专家、学者，或者优秀的人（上司、同事、朋友等），请他们推荐这是最便捷高效的方法，因为这些书都是他们阅读和检验过的，而且他们已经梳理出了一个知识体系，并有相应的阅读清单。

2. 通过豆瓣、知乎等搜索书籍或书单

比如，在豆瓣网书籍栏里搜索"心理学"，就可以看到一些评分很高、内容也确实很不错的书籍，如图 2-15 所示：

[书籍] 社会心理学
★★★★★ 9.0 (11239人评价)　[美] 戴维·迈尔斯 / 张智勇 / 人民邮电出版社 / 2006
《社会心理学》这本书被美国700多所大学或学院的心理系所采用，是这一领域的主导教材，已经成为评价其他教材的标准。这本书将基础研究与实践应用完美地结合在一起，以……

[书籍] 心理学与生活
★★★★☆ 8.8 (12772人评价)　[美] 理查德·格里格 / 王垒 / 人民邮电出版社 / 2003
《心理学与生活》是美国斯坦福大学多年来使用的教材，也是在美国许多大学里推广使用的经典教材，被ETS推荐为GRE心理学专项考试的主要参考用书，还是被许多国家大学的……

图 2-15　在豆瓣网搜索"心理学"的结果示例

你也可以在知乎搜索相关的问答。比如，搜索问题："你觉得哪些书值得我们去读？"排在前几名的答案中有一个就是我的回答。

多搜索几个关键词，如"心理学书籍"和"管理学书籍"等，肯定会有新的收获与发现。根据这些书单及自己的兴趣爱好筛选，就可以找到好书。

3. 根据自己读过的、喜欢的书向外延伸

如果你喜欢某本书，在这本书的封底、封三，或者出版社的相关信息里，一般会罗列出类似或者相关系列的书籍。你也可以上豆瓣、电商网站搜索这本书，同类型的书籍会随着这本书的信息自动呈现出来。比如，在豆瓣网搜索戴维·迈尔斯的《社会心理学》，就会出现如图 2-16 所示的页面：

图 2-16　豆瓣网《社会心理学》相关书籍示例

然后,你就可以根据网友的评价和推荐,以及自己的试读进行选择了。

另外,当我们读一本好书的时候,一般书中会有注解和参考文献。而且,很多书籍会在书的后面附上参考书目清单,我们可以按图索骥,不断追踪、记录和积累。

这样一来,一个高质量的书单就慢慢形成了。

4. 最重要的是自己的需求和判断

我们刚入门时,是谈不上独立判断的,因为我们缺乏足够的信息。这时候要做的就是大量地吸收别人的观点,参考权威书单或者前辈的意见。

但是,随着时间的推移,我们读的书越多,就越会有自己的判断。

比如,我喜欢看心理学和人力资源管理方面的经典书籍,从戴维·迈尔斯的《社会心理学》,到津巴多的《津巴多普通心理学》,再到罗兰·米勒的《亲密关系》等。只要翻开读几段,我们就能立马判断出,这些书都有助于增进我们对自身和世界的了解。

读书的方法和技巧

选择一本好书来读,犹如与智者交流,而能否很好地和他对话,吸取他的经验和智慧,则取决于你自身的水平和技巧了,即阅读的方法和艺术。

一共有四种层次的阅读,它们是层层递进的关系,包括基础阅读、检视阅读、分析阅读和主题阅读,如图2-17所示:

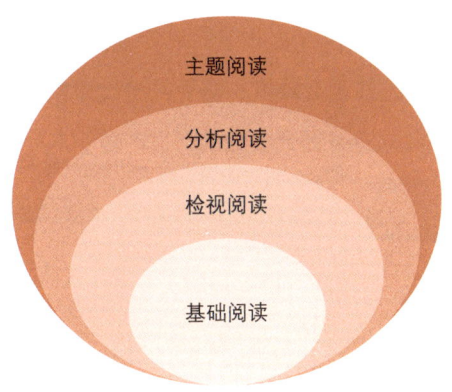

图2-17 阅读的四种层次

由低到高依次是基础阅读、检视阅读、分析阅读及主题阅读:

- **基础阅读**:能够认识文字,理解其意思。
- **检视阅读**:在有限的时间内,最好、最完整的阅读。
- **分析阅读**:在充分的时间里,最好、最完整的阅读。
- **主题阅读**:最复杂、最系统化的阅读,也是最高层次的阅读。

阅读的层次是渐进的，后一种层次的阅读包含前面所有层次的阅读。

一、基础阅读

基础阅读是一种只要你识字，就可以熟练掌握的阅读方式。这个层次的阅读技巧，只要不是文盲，基本上大家都能掌握。基础教育最主要的目的就是认字、读书，为个人理解社会、进入社会奠定基础。一个人如果连基础阅读都达不到，也就意味着他失去了通过阅读来理解和构建这个社会的机会，在现代文明中，这是非常可怕的一件事情。

除了识文辨字，还有其他因素，如阅读的意愿和专注力。

虽说大多数人都识字，可这并不能成为基础阅读的保证，因为很多人根本就懒得看书（尤其是有难度、需要花费大量精力的书籍），又或者根本没法保持专注力。这才是最要命的，自己转变不过来的话，别人也没有办法。

二、检视阅读

倘若我们有读书的意愿，那么会发现市面上的书太多了，怎么办？

这时候我们需要运用到第二层次的阅读——检视阅读。

检视阅读，是在有限的时间内，充分了解一本书的艺术，它分为有系统的略读和粗浅的阅读。

1. 有系统的略读

当我们去书店买书，或者翻开一本电子书时，我们首先要确定：这本书是否值得读？

读粗制滥造的书本身也是一种时间浪费，因为我们的时间是很稀缺的资源。

当我们并不确定这本书是否值得做分析阅读时，我们就需要"略读"。

- 先看书名页，如果有序就先看序，特别要注意副标题。
- 研究目录页，因为目录是书的逻辑和架构体系。
- 如果有出版者的介绍，可以读一下。
- 挑几个与主题息息相关的篇章来看。
- 读一两段，或连续读几页，但不用太多。

通过这些步骤和方法，用几分钟或十几分钟的时间，你就能对这本书有个大致的判断：这本书到底讲的是哪方面的内容，是否值得你花时间读下去。

2. 粗浅的阅读

我们是为了增进理解而读书，但毕竟与作者不在同一个水平上，阅读过程中，就难免会遇到不懂的地方，这时候可采取粗浅阅读的方法。

粗浅阅读的规则很简单：第一次面对一本难读的书的时候，先从头到尾读一遍，碰到不懂的地方不要停下来查询或思索，不要企图了解每一个字句。

三、分析阅读

如果我们希望通过阅读来增进对某一领域的理解和认知，我建议还是采用分析阅读法。

你可以通过回答以下问题来更好地进行分析阅读：

1. 整体来说，这本书到底在谈什么？——找出书的主题，作者是如何发展这个主题的

以本书为例，作者讨论的主题是高效迭代——高手的自我进化方法论。从一个问题（什么决定了你的收入和待遇）出发，指引读者追根溯源，培养职业发展意识，洞察职业世界的真相，并不断寻求自身发展方向与定位。同时，聚焦于个体人力资源开发，从思维、性格和知识、技能及能力培养等方面着手分析，结合职业发展的几个关键阶段的关键任务与事项，提出可能的问题及应对解决方法。最终，完成个体人力资源的开发及职业生涯的发展，帮助个体实现高效迭代。

2. 具体说了什么？如何说的？——了解作者的主要想法和观点

以本书为例，全书共分五大章：

第一章　高维视野——找到你的支点：对贫穷的原因、收入的决定性因素、职业分析的方法与技巧、职业抉择与规划等进行了详细分析。

第二章　深度思考——武装你的头脑：对个人发展路径、卓越思考的技巧、科学研究思维、能力培养路径等进行了深入分析。

第三章　情绪掌控——从自省自察走向自我管理：引导读者对自我的性格进行剖析，运用的是大五人格理论，包括外倾性、情绪稳定性、责任心、宜人性、开放性等。

第四章　能力进阶——挑战本能，打破固有偏见：针对职场人士，从职业心态和角色意识入手，打破刻板印象和观念，真正做好时间管理和人脉管理等，尽可能在转变理念的同时提升能力。

第五章　抢占先机——打造独特的个人品牌：破除管理的常见误解和心态障碍，剖析成为一位合格管理者的必备要素。同时，结合互联网营销与自媒体写作，实现职场进阶，甚至弯道超车。

3. 这本书说得有道理吗？——哪些方面有道理？哪些方面你又不赞同？还有哪些重要方面被作者遗漏了？

这个问题就留给读者回答了。以本书为例，有任何问题或建议，欢迎关注我们的公众号（思维灯泡），并与我们取得联系，进行反馈。

4. 这本书跟自己有什么关系？——阅读不仅仅是为了获得资讯，还要获得更多的启发

以本书为例，问题的答案显而易见：通过认真阅读本书，可以增进我们对于职业世界的认识，掌握职业分析的方法与技巧，了解自我人力资源开发的逻辑与提升的路径，并在求职技能、人际沟通与人力资源管理等方面获得进步。

至于能不能实现这些目标，一方面取决于本书内容，另一方面更在于读者是如何利用这本书的。

阅读时越主动，提出和回答的问题越多，读得就越好。此外，读书的同时要动手做笔记：（1）重点内容画线或做标记；（2）有任何想法、意见或问题一定要写出来，不要怕写得不好，重要的是跨出第一步；（3）最后可以做一个思维导图和框架，并附上重点摘录或者问题汇总。

读完后，认真写一个书评。一方面，因为写作本就是最好的思考；另一方面，你还能输出和传播自己的观点，长此以往会有意想不到的收获。

四、主题阅读

所谓主题阅读，可以简单理解为针对某一个主题进行大量的阅读。

主题阅读是阅读的最高层次，此时的阅读，重点已经不是书了，而是你关注的主题。

主题阅读的作用在于多角度、全方位地了解某个主题，并把不同书籍中有关该主题的相关知识进行综合与整理，从而形成一个更为全面的认知。

有关主题阅读，《如何阅读一本书》讲得抽象了些，这里我结合自己写作时的主题阅读经历展开讲解：

- 首先，确定一个主题，并设计一份针对性的书单。比如，此书的主题是职业发展，所以围绕"职业发展"这个主题搜集相关书目。
- 其次，借鉴这些相关书籍，运用前面所讲的批判性思考和结构化思维对其进行深入的分析，梳理出内容框架，即目录初稿，然后进行润色和修改，使它符合大众需求与喜好。

- 再次，针对每一个主题，寻找相关的书籍，并找出最相关的内容。比如，这篇文章是关于阅读的，那么《如何阅读一本书》就成了绕不开的书。后面讲到大五人格的时候，相关的书目肯定包括《大五人格》和《情商》等。

- 最后，阅读相关书籍，去伪存真，去粗取精，不断整理和提炼，写作和输出。

在主题阅读中，你关心的主题才是重点，而不是你阅读的书，书只是辅助和参考的工具。

我们每个人都是自己经验的产物，受困于直接经验的人群（条件和资源不足）尤其要学会利用好书本及他人的经验。

要想让读书真正变得有价值，我们就必须学会选书和读书。

<u>选择那些能够增进我们对于自身和周围世界理解与认知的书籍，并构建一个良好的知识体系；掌握阅读的方法和技巧，更快更好地理解和吸收别人的经验与智慧。</u>

倘若我们能做到这两点，必然能从读书中获得巨大的收益。这样，我们不但能收获知识、增进理解，还能培养出一种好的思考方式和习惯，并最终帮助我们实现职业的发展，从而让我们的生活更幸福。

为何听了很多道理，依然过不好这一生
—— 关于认知的提升、技能的习得及其深层次的支撑因素

有个经典的五步画马法：

第一步，画两个圆圈；

第二步，画上脚；

第三步，画上脸；

第四步，画上毛发；

第五步，添加其他细节。

然后就大功告成啦。如图 2-18 所示。

惊不惊喜？意不意外？

为什么我们听了很多道理，依然无法过好这一生呢？

和这个画马的原理如出一辙，很多的道理就类似于上面这个画马的方法，光靠这些是没用的，怎么也画不出一匹栩栩如生的马来。

那么，怎样脱离这个困境呢？

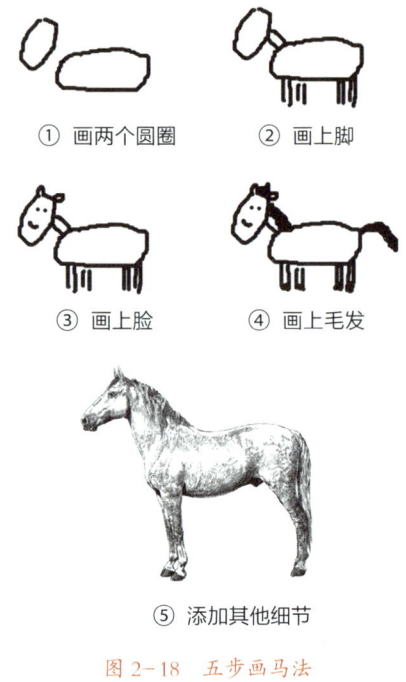

图 2-18 五步画马法

要知道怎么才能真正地做成事

知道某些事情，其实就是我们需要学习和掌握的知识和理论。比如，这里我们必须掌握的知识包括：

- 有关"马"的知识：包括一匹马的形状、构造、颜色等。
- 有关"绘画"的理论：比如色度、明度、色调、颜色、透视、构图等。

那些说知识无用的人是真的很无知——并不是知识没用，而是他所拥有的知识没用，究其原因，在于以下三个方面：

- 这些知识本身就不靠谱，充满种种谬误。

- 这些知识都是零散的、不成体系的，不能形成合力。
- 这些知识并没有真正被理解、消化、吸收和应用。

一、虚假的或者劣质的信息

现在，人人都是自媒体，每个人都可能是信息源。

每天都有无数的信息被制造出来，每天我们都会接收无数的信息，这些信息对我们而言是过载的，同时很多又是低质量的甚至是虚假的信息，它们不停地损耗我们的时间和心智。

你不停地刷微博或者朋友圈，除了获得一些八卦消息和奇闻趣事，真的很难有什么实质性的长进，只会让你变得浮躁和肤浅。

因为这些多数是无用的信息，除了帮你打发寂寞的时光，在无聊的时候消遣，对你自身的进步和提升并没有多大的帮助。

二、碎片化、不成体系的知识

知识是有不同层次的，从最简单的信息，到最复杂的问题解决策略，它们之间是层层递进的关系，且属于包含与被包含的关系。（史密斯《教学设计》，华东师范大学出版社）如图 2-19 所示：

图 2-19 知识的不同层次

- 最基础的是"信息",又叫"惰性信息",一般是零散的、具体的,比如 $\pi \approx 3.1415$ 及你的名字叫某某等。
- 第二个是"概念",考虑的是抽象的事物,而不是某一个具体事物,并且考虑的是事物之间共同的要素或属性,如"男人"和"女人",以及"胜任素质模型"等。
- 第三个是"原理规则",涉及不同概念之间的关系,譬如商品的价格和销售量之间的关系等。
- 第四个是"问题解决策略",需要综合运用信息、概念、原理规则等来寻求某个较复杂问题的解决之道,比如构建基于胜任力的招聘方案、设计科学合理的薪酬体系等。

前三类本质上都是碎片化的知识,互联网上的内容多半也都是这些,很少有涉及复杂问题解决策略的,因为它不是简单的一两篇文章就可以搞定的。

每个领域都有各自独有的专业知识,商业、会计、营销、机械等,这些知识是我们在各自领域有着良好表现的基础。你只知道一些概念和零散的原理规则是不行的,必须掌握系统化的问题解决策略。

建议给自己列一个清单:我所在的专业领域,有哪些问题解决策略需要我去学习和掌握。

而后围绕这些问题展开系统学习和构建。

比如,我需要学习和掌握的知识领域包括企业战略、组织架构、人员招聘与选拔、绩效管理体系、薪酬体系设计、人才培训等,主要的问题解决策略包括:

- 怎样尽可能科学合理地制定企业发展战略?
- 该如何设计组织架构以更好地支撑企业战略和业务的发展?
- 怎样去吸引更多的潜在候选者?有哪些招聘渠道?如何来对他们进

行评估和甄选？

• 绩效管理体系怎样尽可能地做到公平、公正，并有激励作用，以促进个体的进步和组织的发展？

• 薪酬体系设计又有哪些程序和步骤？该如何来具体设计？

• 个体学习和发展有什么样的逻辑？采取什么样的方案可以更好地促进人才的成长？企业的人才培训又该怎样设计？

所有的学习都应当围绕这些问题解决策略来进行，不断地探寻答案，不断地加以深化和细化，这种以目标为导向的学习方式才能更具实效。

三、知识需转化为认知

知识是客观事物之间的联系，是独立于我们而存在的；认知，是我们对于知识的理解和掌握；智慧则需要我们将我们的认知灵活运用于实践。如图 2-20 所示：

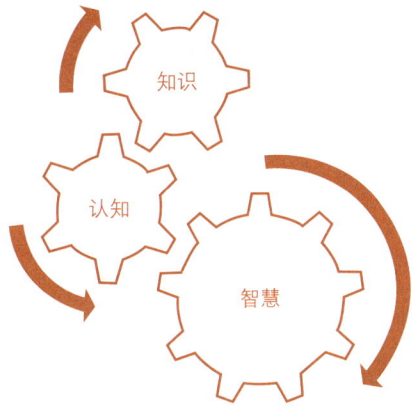

图 2-20 认知的获得与提升

- 知识是别人的经验概括,它是死的,你见或者不见,它都在那里。
- 只有知识被我们所记忆、理解、消化和吸收的时候,它才真正被我们所掌握,才能转换成我们的认知。
- 至于智慧,则更是需要我们将自己的认知灵活应用于实践,有了新的认识和感悟,并融会贯通,才能逐渐变成"智慧"。

知识的学习,首先是一点一滴的积累,这个步骤逃不开,当你完全不了解某个领域的时候,是没法做到所谓的批判性思考的;其次是积累到一定程度,就会有越来越多的思考;再次是慢慢地通过思考融会贯通,才能有一定的系统性和高度;最后就是这样循环往复,逐渐提升……

如何真正把事情做好

理论知识只是基础而已,它让我们知道某些事情该如何去做。

但是,具体实施过程中效果究竟如何,则有赖于我们的技能和能力。

在开头的案例中,如何把马给画好,"画"就涉及技能了。

一、技能

知识和技能的关系并不是对立的,而是辩证统一的。

1. 知识与技能

技能是一种动作方式,比如,你知道了有关绘画的各种理论,但是,你画出来的效果如何呢?这就离不开"画"这个动作技能了。

知识和技能的联系与区别主要体现在:第一,知识是技能的基础,没有知识是不可能形成技能的,你根本就无从下手,不知道该如何操作;

第二，光有知识还不够，还得有知识指导下的活动与动作实操。

技能也是有层次划分的：

- 第一层：认识，去认识或了解某些技能的操作过程。
- 第二层：可操作，具备一定的操作技巧，懂得如何操作和使用。
- 第三层：自动化、熟练，很流畅地进行，不需要付出额外的关注。
- 第四层：精通，擅长，比一般人厉害很多。
- 第五层：改良和创新，对一项技能本身进行改变。

我们以开车为例进行分析：

- 最开始是认识和了解各种驾驶知识和交通规则。
- 接下来要进行实操，从在教练辅导下驾驶过渡到独自驾驶。
- 接着是熟练，这是新手和老手的区别：新手在路上都是目不转睛、神经紧绷、无暇顾及其他；老司机开车就会轻松很多。
- 然后是精通，比如漂移，就不是一般人能够完成的。
- 最后就是改良和创新，这个在现实生活中基本用不上。

工作中典型的技能包括各种设备及软件操作技能、演讲技能等，大多数技能我们能用到熟练或精通就可以了，不可能也不需要什么都创新。

比如，各种办公软件和专业软件，我们就很有必要自我反思一下：自己对这些技能的掌握到底达到了什么样的程度。以最简单的 Office 办公软件为例，至少对各项操作应达到熟练的程度，倘若能达到精通，那么，光凭这些技能就可以找到很不错的工作了。

2. 技能的习得

技能的形成是由试练到熟练、试练与熟练相结合的过程，总是需要经过一定时间与次数的试练，然后才能以此为基础，反复练习，熟能生巧。如图 2-21 所示：

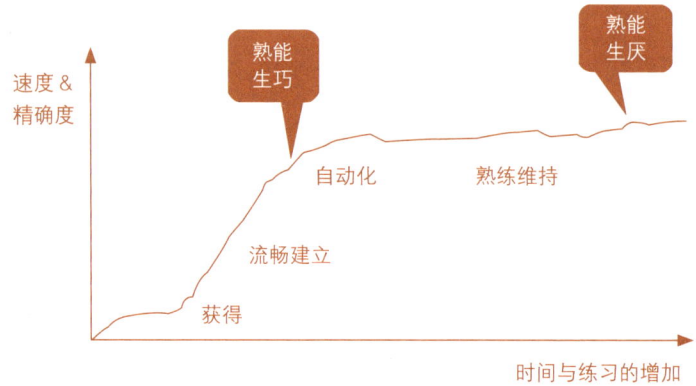

图 2-21　技能获得与提升的过程

随着时间的推移，很快我们就获得了初步的技能，然后我们就过渡到了流畅和自动化的阶段。但是，接下来，大多数人到达瓶颈期就会停滞不前，维持在熟练的水平。

这里就不得不提到一个很有名的理论——一万小时天才定律。

丹尼尔·科伊尔拜访世界上最成功的足球运动员、小提琴手、战斗机飞行员、艺术家、滑板爱好者，并从中寻求这些"天才"之所以成为天才的原因。经研究发现，这里面的关键就在于"精深练习"。

（1）只在学习区练习

舒适区就是你已经熟练掌握了，做起来很轻松，但也同时意味着没有进步；恐慌区，就是你现在无法做到的，怎么努力都不行，如果非要给你下一个任务，你就会惧怕、恐慌。

这两个区域都不可取，而是要在学习区进行练习，就是比目前掌握的要求更高，但是通过努力可以达到。如图 2-22 所示：

图 2-22　舒适区、学习区与恐慌区

（2）大量细节重复练习

从不会到会，秘诀就是重复。

但是，一项技能是由多种活动或技能模块组成的，所以，必须进行拆分，分模块进行重复练习。

比如，《一万小时天才理论》中提到，美国加州有个诊所，在试验中专门帮助成员克服不敢和异性说话的害羞心理。他们的做法是设计不同难度的场合，进行对话训练和角色扮演，再在现实生活中加以练习，让每个人通过多次实践逐渐克服恐惧心理。

各种音乐和体育训练，也都强调分模块练习，需要对技能或者动作进行分解，各个击破，再综合运用。

不同的行业都有自己独特的规则和技巧，但入门都是从最简单的部分开始的，大量练习养成习惯后，简单的动作或细节组合便形成了我们的技巧。

（3）持续反馈并优化

《一万小时天才理论》中认为，顶尖的教练会持续地反馈，会进行纯粹的信息反馈,而不是表扬或批评。

不过,我还是觉得,在我们普通人的日常学习与工作中,要有信息反馈,也要有正向的激励性反馈。

有了信息反馈,我们才能知道自己的学习有哪些不足,才能对其不断进行优化和提升;激励性反馈,则有助于激发我们的学习热情,我们可以自己给自己设定目标,达成目标后自己给自己奖励,买件新衣服、看场电影、吃个大餐等都是可以的。

(4)长期的集中练习

音乐神童莫扎特在6岁生日之前,他的音乐家父亲已经指导他练习了3500个小时。电脑天才比尔·盖茨在13岁时就接触到了世界上最早的一批电脑终端机,开始学习计算机编程;7年后创建微软公司时,他已经连续练习了7年的程序设计,超过了1万个小时。

在任何一个领域取得不凡成就的人,无一不是经过长期集中的刻意练习才获得的。在这个过程中,我们要区分三件事:玩、工作和刻意练习。如表2-1所示:

表2-1 玩、工作与刻意练习

玩	工作	刻意练习
无目标	重复、停滞	目标明确
只为娱乐	外部奖励	不断反馈
永远无法成为专家	缺乏持续反馈和提升	持续进步

在学校的时候,很多人都在玩,漫无目的,只为娱乐;工作之后,很多人又只是在做重复性工作,看似有十年工作经验,其实是一年工作经验用了十年,没有持续反馈和进步。

这两者都不行,只有刻意练习和精深练习才可以持续进步。

二、能力

技能是活动方式、操作技巧；能力相对而言则更为抽象。

能力看似千变万化、错综复杂，但归根结底就两类：

• **一般能力**，即一般情况下都要用到的，在很多基本活动中表现出来的能力，适用范围很广，它有个更通俗的称呼，叫"智力"。

• **专门能力**，在专门的、具体的活动中所需要的能力，适用于某种特定场合或活动。比如，设计能力、财务分析能力、绘画能力等。

一般能力，又可以分解为五大要素：观察力、注意力、记忆力、思维力和想象力。其中，居于关键地位的就是思维力（分析、归纳和概括）。

专门能力，或者说特殊能力，是在一般能力的基础上，结合专门领域的认知及技能而形成的。一般能力乘以专业认知乘以技能就是专门能力。如图 2-23 所示：

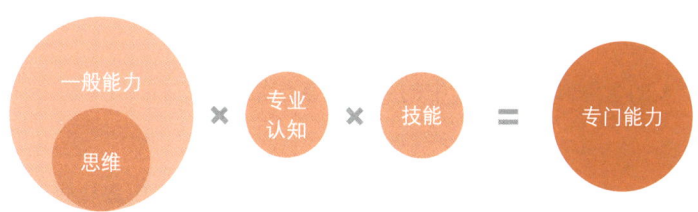

图 2-23　专门能力的构成要素及公式

比如，建筑设计的专门能力就涵盖：

• **一般能力**：观察、想象、思维。

- 专业认知：对于工程结构、建筑设计、测绘理论等的认知与掌握。
- 技能：绘图、制图、模型设计、测量等。

人力资源管理的专门能力同样涵盖：

- 一般能力：观察、注意、思维。
- 专业认知：对于个体心理、企业战略、组织结构、考核激励、劳动关系与法律法规等的认知与掌握。
- 技能：办公软件操作、人际沟通与表达等。

知识与能力这两者并不矛盾，然而在实践中很多人经常把它们对立起来，就会听见一些论调，"知识不重要，能力才是最重要的"。

实际上，知识是能力的基础，没有一定的知识谈何能力，能力本身就是在一定的知识积累之上形成的。

深层次的支撑因素

个人的学习和提升过程中的关键要素小结如下：

- 知识是我们经验的概括与总结，知识要成体系且需转化为我们的认知。
- 技能是通过练习获得的动作方式和动作系统。
- 一般能力主要包括观察、注意、记忆和思维等，其中思维是核心。
- 专门能力是在一般能力的基础上，尤其是在你对某些专门领域的知识进行思考分析进而形成认知后，结合技能而形成的。

此外，还有一个贯穿全过程且起基础和支撑作用的因素，那就是性格。

性格到底是什么？怎样来全面了解与评估自身的性格？能否进行改变和提升？留待后文详解。

第三章 | 情绪掌控 ▶ **从自省自察走向自我管理**

性格似乎错综复杂而又无从捉摸,但实际上,我们同样可以对它进行系统分析和全面把握,进行自我反思、觉察与评估,并在此基础上走向自我管理、监督、激励和提升。

性格
评估

▼

如何全面了解与评估自身的性格
—— 浩瀚如海、包罗万象的大五人格理论

我们设想一下，如果让你描述或评价自己的性格，你能想到哪些词呢？

估计都能写好几个，譬如内向、外向、上进、自信、友好、善良……

可是，这样一些描述显得杂乱无章，并不能让我们全面、准确而又深入地进行自我了解与认知。所以，我们应尽可能描述得清晰而有条理。

所谓性格，其实是我们在各自独特的经历中与环境互动，逐步形成的对于现实的相对稳定的态度和行为反应倾向。在我们与环境的互动情境中，其实无非有两方面：人和事。

为人，即如何与人相处，包括自己和他人。与自己相处主要涉及情绪的稳定性，包括抑郁、愤怒、脆弱等。与他人相处，又可以分为两方面：第一，是否喜欢和他人相处，即大五人格中的外倾性；第二，和他人相处的时候能否让别人感到愉悦和舒服，这是大五人格中的宜人性。

处事，则更多的是关于我们处理工作和任务时的态度和反应。我们同样可以将其分为两类：一类是常规性的、一般性的任务和情况，主要和大五人格中的责任心有关；另一类则是非常规性的、开创性的任务和事情，主要涉及大五人格中的开放性。

这样一来，性格包含的内容就清晰了，如图3-1所示：

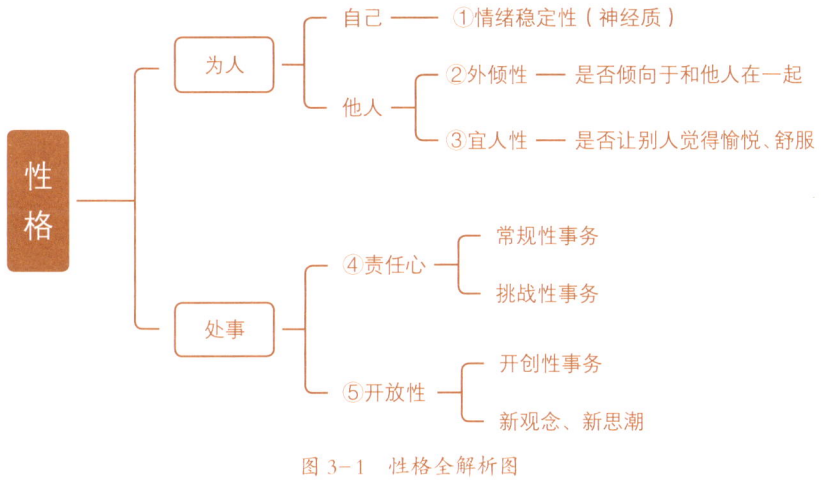

图3-1 性格全解析图

这个理论也叫大五人格理论，从五个大的维度对人的性格进行了描述：

• **开放性**：富有想象力，喜欢思辨，对于新事物保持开放的心态，追求智力上的提升和思维创意。

• **责任心**：认真负责、勤勉努力、严谨自律、有责任心、成就动机强等。

• **外倾性**：表现出热情、果断、活跃等特质，喜欢社交。

• **宜人性**：具有信任、坦诚、利他、温和、谦虚等特质。

• **情绪稳定性**：具有平衡焦虑、敌对、压抑、自我意识、冲动、脆弱等情绪的特质，即具有保持情绪稳定的能力。

五大维度分别是开放性（openness）、责任心（conscientiousness）、外

倾性（extraversion）、宜人性（agreeableness）、情绪稳定性（neuroticism），取英文单词首字母合成了"OCEAN"，犹如大海般浩瀚、包罗万象，寓意其内容全面而又丰富。

大五人格的评分不是采用非此即彼的二分法，而是采用评分制，对于每一个维度，我们都可以从中找到自己相对精确的位置，如图3-2所示：

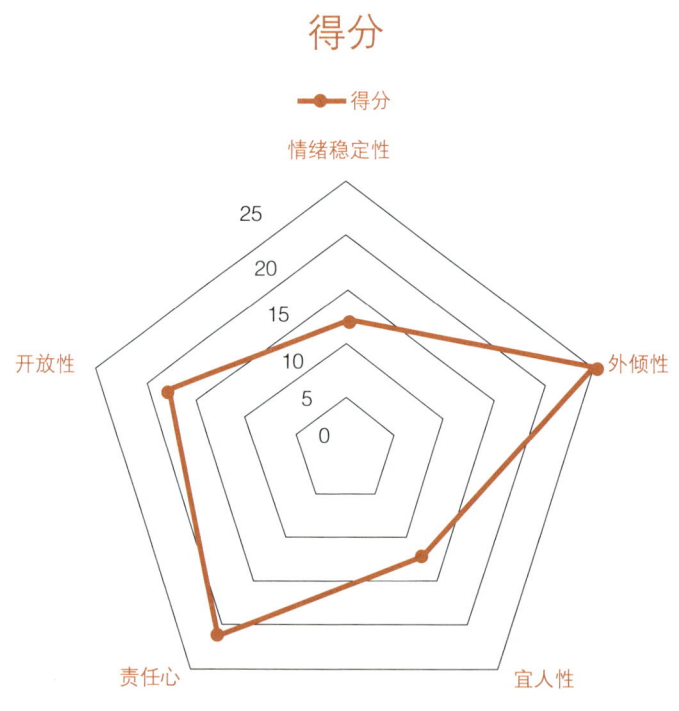

图 3-2　大五人格得分剖面图示例

从图 3-2 中的结果我们可以看出，这个人情绪稳定性得分较低（情绪很容易激动或是抑郁、沮丧），性格比较外向与活泼，但和人相处起来并不是让人很愉快（宜人性得分低），不过做事还是挺负责任的（责任心强），思想和观念也比较开放。

为了更加精确，每一个维度下面又细分了六个子维度。

这样一来,大五人格就涵盖了 30 个子维度,我们可以对每个子维度进行评分,让我们对于自身性格的了解与认识更为全面和准确。

一、情绪稳定性

情绪稳定性包含六个子维度,分别是焦虑、敌对、压抑、自我意识、冲动和脆弱。

其实情绪稳定性主要体现在两个方面:一是克制冲动,抵制诱惑,二是承担压力,果敢刚强。归结为一点就是,情绪的自我管理与控制能力。主要体现在:

- 不容易有情绪冲动和失控;
- 能够经受得住诱惑;
- 在压力下能保持冷静,寻找方法来缓解压力,或以正面的方式来应对。

一般来说,一个频繁冲动且经受不住压力的人,很难在竞争激烈的职场中脱颖而出。

我们可以按照以下标准对自己进行评估,如表 3-1 所示:

表 3-1 情绪稳定性的锚定等级表

等级	等级描述
-1	在遭遇挫折时经常出现负面情绪,且没法自控
0	回避产生负面情绪或压力的人和事,虽然不能控制自己的情绪,但不会采取不当的行为
1	感受到生气、挫折或压力等强烈的情绪后,仍然可以控制自己的情绪,但是没有采取具有建设性的行为

续表

等级	等级描述
2	感受到生气、挫折或压力等强烈的情绪时，可以控制这种情绪，冷静地进行讨论等
3	能够控制强烈的情绪，针对问题来源采取行动并进行正面处理。而且，不仅能让自己冷静下来，还能想方设法让别人也冷静下来

"情绪稳定性"这一维度和"情商"还是颇有几分相似之处的，后面我们会专门针对"情商"展开分析。

二、外倾性

大五人格中的外倾性包含六个子维度，分别是热情、社交、果断、活跃、冒险和乐观。

这里提炼优化出三个关键的子维度。

- **社交**：喜不喜欢与人在一起，乐群性高的人偏爱他人陪伴，喜欢人多热闹；乐群性低的人则不会主动寻求他人陪伴，甚至讨厌、回避社交。
- **果断**：在群体或团队活动中，是偏向于服从、跟随，还是引导、监督和控制。
- **乐观**：和他人在一起的时候，是否有利于营造团队积极向上的氛围，是否有利于团队的融洽团结。

外倾性通常和销售及管理等与人打交道比较多的职业相关，在人们的普遍认知中，外向的人更容易做好销售和管理工作，很多研究也验证了这一点。

但是，我们仍然要注意区分以上三个子维度之间的区别和联系，只有这样我们才能真正准确地理解内向、外向与职业发展之间的关联。

后文会专门针对内向者提供职业发展和个人提升方面的建议。

三、宜人性

宜人性，指的是我们是否能与别人和睦、融洽地相处，是否令人喜欢。宜人性包含六个子维度：信任、坦诚、利他、依从、谦虚和移情。如表 3-2 所示：

表 3-2 宜人性的六个子维度

子维度	高分特点	低分特点
信任	信任他人、心怀善意	愤世嫉俗、疑心重重
坦诚	坦率、真挚、不欺骗	欺诈、虚伪、阴险
利他	奉献、关心、慷慨	自私、冷酷、麻木
依从	接受要求，服从指令	发号施令，支配他人
谦虚	谦虚低调	傲慢自大
移情	对别人感同身受	漠视他人利益和感受

宜人性的六个子维度可以归结为两点：第一，关心别人利益；第二，照顾别人感受。一个是实实在在的物质层面，一个是形而上的精神层面。宜人性过低会给我们的人际关系和发展带来负面影响。

四、责任心

责任心包含了六个子维度，分别是审慎、责任感、条理性、自律、成就追求和自我效能。高分特征的人是严谨细致、有责任心、自律和自我驱动，低分特征的人则是懒散、马虎、缺乏责任心和自律。

做事严谨细致的人一般都比较审慎和有条理性；"自律"和"成就追求"其实本质上是一码事，没有自律的成就动机根本就是伪成就动机。

所以，这里就抽离出了四个关键子维度。

- **责任感**：本质上是一种道德遵守与承诺，对道德规范和要求的遵从。
- **条理性**：在次序、条理和计划等方面的追求与表现。
- **成就追求**：对于目标的取舍和行动坚持，包括高目标、主动性、坚持不懈和持续改进。
- **自我效能**：对自我的肯定、认可与信心。

五、开放性

确切地说是经验的开放性，指我们对事物的寻求和探究、理解，以及对陌生情境的容忍和探索。

- 开放性的人偏爱抽象思考，兴趣广泛，对新事物充满兴趣，敢于挑战权威。
- 封闭性的人则相对传统保守，讲究实际，偏爱常规，不太愿意去尝试创新或打破规则。

开放性同样包括六个子维度：想象力、审美、感受丰富性、尝新、思辨和价值观。

前三者（想象力、审美、感受丰富性）和生活及情趣相关，类似于得分高的人更喜欢"手，不是手，是温柔的宇宙"，得分低的人则表示，"手，就是手，吃饭用的手"。后三者（尝新、思辨和价值观）则和我们的职业成长与发展有着很大关联。

- **尝新**：是否愿意尝试不同的活动与工作，去新的地方认识新的朋友，体验新的生活方式。（行动的开放性）
- **思辨**：是否热衷于理解与探究难题或者复杂的事情，求知欲强，思路开阔。（思维的开放性）
- **价值观**：是挑战权威、常规和传统观念，还是接受权威、尊重传统观念。（价值观的开放性）

生活中我们会发现，有些人喜欢沿着既定的轨道迅速走向人生归处，希望安定，不愿意去尝试、创新和冒险，更不愿辗转反侧、颠沛流离；而有些人则是流连于旅途中的风景，绝不愿意按部就班地追随别人指定的路线，更不愿一眼看到路的尽头是自己的坟墓。

大五人格理论给我们提供了一个完整而丰富的分析体系和框架，而且在评分上并不是采用非此即彼的二分法，而是采用评分制，有助于我们更加准确地进行锚定和分析。

众多研究也表明，大五人格与职业及职业发展之间有着显著的联系，如图3-3所示：

- 责任心和情绪稳定性这两个因素可以用来预测所有类型的工作。
- 外倾性特征与销售及管理等与人打交道的工作有着密切关联。
- 开放性是技术性工作或岗位选拔人才的重要尺度。
- 宜人性在客服工作与团队工作中尤为重要。

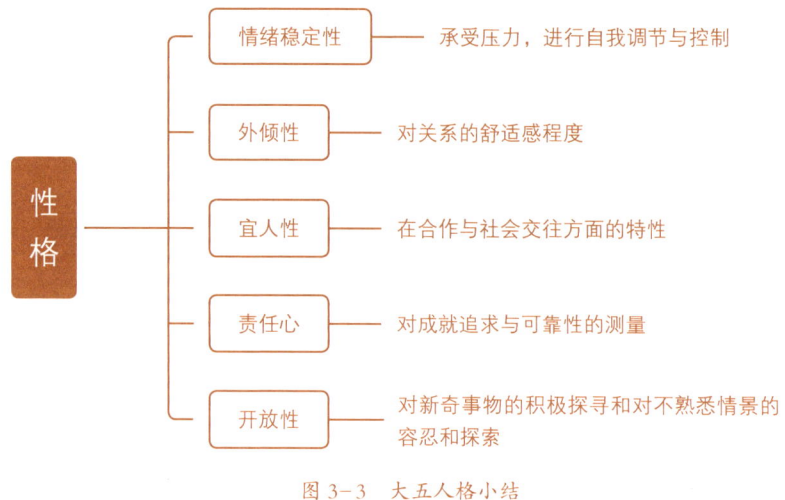

图 3-3 大五人格小结

最后，必须再次强调，即便是信效度较高的大五人格，也仅仅是用来辅助进行自我探索与认知的。人本身就是会变化的，即便性格是相对稳定、不容易改变的，也是可以通过"认知—觉察—行动"的过程去逐渐打磨和塑造的。

▼

洞察情商真相,提升自我情商
—— 读懂情绪,掌握方法,培养慧心

情商,指的是情绪智力,也称情感智商,指人在情绪、情感、意志、耐受挫折等方面的品质。

情商的本质是对情绪的了解、洞察及掌控、应对。

我们分解一下:

- 自己的情绪。
- 别人的情绪。
- 了解与洞察。
- 管理与应对。

排列组合一下,就成了:

- 了解自己的情绪——自我意识;
- 掌控和管理自己的情绪——自我管理;
- 了解别人的情绪——同理心、换位思考;

- 管理和应对别人的情绪——安慰、共情、感染、鼓舞、召唤。

再加上一个自我管理的升华版本——自我激励：包含了自制、热忱、坚持以及自我驱动、自我鞭策的能力。

这就有了五个方面。

- **了解自身情绪**：能够察觉某种情绪的出现，观察和审视自己的内心体验，体察情绪时时刻刻的变化。它是情绪智力的基础与核心。
- **处理自身情绪**：调控自己的情绪，使之适时适度地表现出来，妥善应对负面情绪，并升华转化为积极正面的情绪。
- **自我激励**：能够依据活动的某种目标来调动与指挥情绪的能力。（其实是上述第二方面的升华：自制、坚持、自我激励）
- **识别他人的情绪**：能够通过细微的社会信号，敏感地感受他人的需求与欲望。（有同理心，能换位思考）
- **处理人际关系**：调控他人情绪的技巧。（安慰、共情、鼓舞等）

如何判断自己情商的高低

真正情商低的人的表现如下：

- 自视甚高，缺乏自我了解。
- 易怒、脾气暴躁、冲动。
- 做事怕困难，三分钟热情，不能持续地努力。
- 懒散，不能自我激励，缺乏自制。
- 心理承受能力差，受不了一点打击，对生活经常感到悲观绝望。
- 冷漠、不关心他人的需求与感受。
- 非常自我，一切自己说了算。

- 对过去痛苦的经历念念不忘，对未来的事忧心忡忡。
- 人际关系很糟糕，与身边的人关系不好。
- 与人沟通时很被动，总是被人牵着鼻子走。

如果有人说你"情商低"，仅仅是因为你不会说奉承的话，不怎么会甜言蜜语，不怎么喜欢闹腾和社交，那就完全没必要担心，这并不代表你情商低。你可以看看情商的其他方面，如果你的表现都还不错，热情、自制、有同理心，虽不喜欢闹腾但人际交往没有问题，就不用理会他人的观点。

当然，如果你一开口就噎死人，或者使"男默女泪"，那你的确是情商低，要自我反省并改正。

情商低的人如何提升自己的情商

高情商并不完全是天生的，而是后天训练出来的。美国华盛顿大学杰出心理学家玛莎·莱恩汉博士创立了一套被称为"辩证行为疗法"的高情商训练课，加拿大心理医生谢里·范·狄克在《高情商是练出来的》一书中，对它进行了详细介绍。

一、读懂情绪是起点

读懂情绪是提升情商的起点，是高情商的基础。

情绪的类别复杂多样，我们可以把它分成两大类：<u>基本情绪和复杂情绪</u>。

基本情绪也叫原始情绪，是不用学就会的，与我们的进化息息相关，它有四大类，分别是喜、怒、哀、惧；复杂情绪则更为细腻微妙，需要通过后天人与人的交流才能习得，比如嫉妒、惭愧、羞耻、自豪等。

每一种情绪都不是凭空产生的，都有它的触发事件和发生、发展机制，只不过我们中的大多数人并不了解其中的缘由而已。

为了更好地读懂情绪，我们可以把它分为四个步骤。

第一步：看清触发事件

大多数正常情绪之所以产生，都是由某些特定的事件触发的，比如失去了心爱的人或物就容易引起悲伤，做错了事或伤害了他人则会导致内疚，需求得到了满足则会变得快乐。

第二步：了解自己的想法

有些时候，问题的关键不是事情本身，而是我们对于事情的想法和认知。而且，随着我们想法或认知的不同，情绪也会变得有所不同。

比如，你看到小狗时感到害怕且因此被人嘲笑，你可能会产生这样的想法：自己不应该如此胆小，他们这群人也太坏了，在羞辱和贬低我。这样，更多的情绪比如自责、自卑、愤怒和羞愧等就开始出现。

但你也可以有另一种想法：我怕小狗是应当的，万一被它咬了还感染了病毒就麻烦了，我这是为了自己的健康和安全考虑，没什么可笑的，这些人其实也就是揶揄一下而已，并没有那么多的恶意，我不需要太在意；或者，这群愚蠢的人，我还是不要和他们计较那么多吧。这样，你就可以从这些负面的情绪中走出来。

第三步：体悟自己的感受

不同的看法和情绪会带来不同的反应和感受。

如果你的看法导致了恼羞成怒情绪的产生，那么你的血液会开始往上涌，变得脸色煞白，牙关紧咬，呼吸短促，心跳加快；如果你的看法导致了自责和羞愧，可能会变得满脸通红，羞愧万分；如果你的看法能够让自己超然物外，那么，很快你就会变得淡定、从容，内心毫无波澜。

第四步：留意自己的行动

基于不同的看法和情绪，你很可能会采取截然不同的行动。

如果愤怒异常，你可能会有攻击的行为，大骂对方甚至大干一场。当然，也可能考虑到对方人多势众，你敢怒不敢言，只能圆睁着双目怒视对方；如果陷入自责和羞愧的情绪，你可能在他们的嘲笑中凄惨逃离，内心却为自己的胆怯懦弱而深深地悔恨。

如果你是个情商很高的人，既能读懂自己的情绪，了解情绪的发生、发展机制，并能控制自己的情绪，还能读懂对方的情绪，知道对方是善意还是恶意，明白对方的无聊和枯燥，那么，他们的嘲笑就不会激怒你。这样你就可以很快地把这件事抛到脑后，继续去做那些对自己有价值、有意义的事情。

通过回忆我们的经历和感受，仔细体察我们情绪的变化并审视这个过程中我们的思想与言行，我们对情绪就会有更清楚的认识，从而更好地理解与掌控自己的情绪。

二、管理情绪有方法

情绪管理指的是我们对负面情绪的管理，主要包括焦虑、愤怒、抑郁、内疚等。

如何来管理这些负面情绪呢？

借助情绪的 ABC 理论！

情绪的 ABC 理论是由美国心理学家埃利斯创建的，如图 3-4 所示：

图 3-4 情绪的 ABC 理论

- A（antecedent），事情的前因，指的是情绪的诱发事件；
- B（belief），信念，即我们对诱发事件的信念、看法和解释；
- C（consequence），结果，即我们的情绪反应和行为。

为减少负面情绪的不良影响，我们可以：

- 拥抱负面情绪，一定程度上接受而非一味对抗（C）；
- 改变对事物的认知，从而改善情绪（B）；
- 寻求正确方法，解决问题和困难，顺利实现目标，满足内心需求（A）。

1. 拥抱负面情绪（C）

情绪其实是我们身体内部的信号，告诉我们正在发生和经历的事情。<u>不管是怎样的负面情绪都有它的积极意义</u>。它给我们提供信息，并且在某种程度上还帮助我们自我防御和保护。

- 恐惧提示你正身处险境，要赶快逃离。
- 悲伤提示你失去了重要的东西，以后要学会珍惜。
- 痛苦告诉你这个方向恐怕行不通，得考虑另谋出路。

情绪其实是一种本能性的快速反应系统。这里借用朋友叶修（《深度思维》的作者）的一个比喻来形象说明。

当遇见一只大老虎的时候，一个正常的人根本不用思考，瞬间情绪爆棚，超级恐惧，撒开腿就跑，绝不犹豫。（这是情绪的作用）

反之，一个没有情绪系统的人，则开始了他的冷静分析。

- 这是一个动物。
- 四条腿，体表有毛，五官齐全，推断是陆生哺乳动物。
- 看样子比较像是猫科，具体是猫科哪一科呢？我要全方位观察，批判性思考，否则很可能会有错误结论。
- 为什么它向我跑过来，还跳起来？……咦，它的头顶有个"王"字！

然后，就没有然后了……

墓志铭上刻着一行字：因为没有情绪系统，被老虎吃掉了。

所以，情绪本就是在漫长的进化机制中得以形成并遗传下来的，倘若你不具备情绪系统，反倒是要被淘汰掉的。因此，负面情绪是正常的，而且是必需的，我们没必要因为自己有负面情绪而过分苦恼，反倒是应该去拥抱它，与它和谐共存。

这样一来，就类似于提升了你的"阈值"（又名"临界值"），你可以更坦然地接受自己的负面情绪，负面情绪给你造成的伤害也就更小了。

2.改变对事物的认知，从而改善情绪（B）

除了基本情绪和复杂情绪的划分，我们还可以把情绪划分为原生情绪和衍生情绪。

原生情绪是我们对触发事件的第一反应，是情绪发挥出的原始功能，根本不需要大脑思考。比如，一声巨响会把你吓一跳，心仪的女神邀请你看电影会让你乐开花……原生情绪是为了适应外界而采取的正常的本能反应，实际上是我们生存的基础，是进化的结果。

衍生情绪则是由原生情绪衍生而来的。比如，你开车在路上，有人变道塞车跑到你前面来，你的第一反应是害怕、恐惧，这就是原生情绪。但是，很快，你会开始想："找死啊！"这时候害怕的情绪就衍生为愤怒情绪了，然后你就可能会产生攻击行为，踩足油门奋勇直追，两人开始赛起车来，最后可能导致严重的后果——交通罚款、车祸……

拥抱负面情绪，指的其实就是原生情绪，这些情绪是无法避免的，而且有相当大的积极作用。但是衍生的负面情绪则很可能会给我们带来巨大的困扰，这些衍生情绪的产生是由我们的主观想法导致的，而这些主观想法未必符合事实。

所以，我们需要改变对事物的看法和认知，从而改善情绪。

以开车被人超车为例，如果你认为对方是故意挑衅，则可能衍生出愤怒甚至受辱的情绪。倘若你认为对方可能是新手，无知无畏，他早晚会尝到苦头，你就不容易衍生出愤怒的情绪，你也不会再和他较劲，而是会选择远离。

3. 寻求正确方法，解决问题和困难（A）

对于已经发生的事情，我们可以尝试着改变对它的认知、想法和判断来摆脱负面情绪。可是，对于一些正在发生或将来可能发生的引起我们负面情绪的重大事件，最根本的还是要寻求正确方法解决问题和困难。

比如，你为没钱而担忧、焦虑，要缓解这种情绪，你可以降低自己的期望和要求，进行自我安慰："钱没那么重要，健康快乐、开开心心就好。"这还是会有一定作用的，但最根本的，还是要想方设法去多赚钱。

只有把这些重大而又不可回避的问题真正搞定，负面情绪才能真正根除。

三、培养慧心很关键

在《高情商是练出来的》一书中提到一个重要的概念——慧心，它是理性自我和感性自我的平衡与结合。

- 理性自我的特质：做决定时，很少犹豫、纠结；每一个行为或决策背后都有合理的理由；凡事讲究逻辑、推理和论证。
- 感性自我的特质：常常冲动，经常做出一些事后自己后悔的行为；经常懊恼，可是类似的事情发生后还是不能静下心来思考；做决策时犹豫不决，经常会因为情感方面的因素而举棋不定。

1. 理性自我特质明显的人

如果你是一个理性自我特质明显的人，那么，在与人交往的过程中，可以从以下方面多做些尝试或练习。

（1）感知他人的情绪和立场，对他们所关心的事情抱有兴趣

理性自我特质明显的人大多是结果导向、追求效率的人，他们对于过程和人的需求相对关注较少。

可是，很多时候，过程本身以及相伴的情绪同样重要甚至更重要。所以，当我们和别人交流、沟通，帮助别人或者与别人一起解决问题的时候，首先要做的是感知他们的情绪和立场，先把情绪安抚好，再谈解决对策，这样做效果会好很多。

（2）适当地使用自我披露技巧

适当地使用自我披露技巧非常有助于拉近你与他人的距离，增进双方的了解。自我披露其实很简单，就是敞开心扉和对方谈谈你人生或成长中一些真实的经历或事件，尤其是与工作无关的经历或事情。

2. 感性自我特质明显的人

如果你是一个感性自我特质明显的人，则需要少评判，多接纳，并

更多地练习批判性思考的方法和技巧。

（1）少评判，多接纳

怎样才能做到少评判，更好地接纳和改进现实呢？

第一步，在进行评判时有所察觉。你发现自己正受负面情绪困扰，这就意味着你可能在进行评判，给别人或者事情"贴标签"。

第二步，当你发现自己在进行评判时，将评判的内容换成不带感情色彩的陈述，比如，你原本有事找你男朋友倾诉，可他完全没有听，你可以不带感情色彩地说，"你好像没有在听我说话，我觉得很难受"；反之，你如果一上来就评判或是"贴标签"，那效果就适得其反了。

（2）练习批判性思考的技巧

妻子打电话回家说，儿子和他的好朋友小包在上完钢琴课之后一起在外面吃午饭。一旁的岳母在电话中马上就说："不行，马上回来吃。"妻子说："他们现在已经在饭店里吃上了。"正在炒菜的岳父听到之后，马上在厨房里就发火了："我烧好了饭菜你们不回来吃，就是对我的不尊重……"这样的语气，伴随着语言上的骂骂咧咧，让大家这个午饭吃得都很不愉快。

生活中我们很容易就被本能和情绪所操控，要让我们的思考由本能进化为技能，我们需要对自己思考的过程进行分析，了解思维的结构。

面对这些冲突或矛盾，如果我们对这个过程中的目的、问题、概念、信息、推理路径和结论进行分析，慢慢地进行自我锻炼，我们就会逐渐变得更加理性、平和，如图3-5所示：

图 3-5　批判性思考的技巧

- **目的**：岳父发火的目的是什么？宣泄自己的愤怒？这样的宣泄对他、对他的家人又有什么益处呢？对问题的解决又有什么帮助呢？岳父肯定没有意识到这个目的，更不用说目的的不合理之处。

- **问题**：你现在面临的、真正需要解决的问题是什么？岳父似乎没有想过这个问题，即他的思维根本不是解决问题式的积极思维，而只是发泄性的情绪性思维。其实，他眼下面临的、真正需要解决的问题是：能不能通过再一次的努力劝他们回来吃饭。如果不能，那么接下来需要解决的问题是：告诉他们下次要早点打电话回来。

- **概念**：对概念的混淆导致思维的混乱，比如"不尊重"到底是什么意思？对方也打电话回来解释说明了，难道尊重是要完全按照你的意思去做吗？

- **信息**：我们思考或者进行判断时要考虑一下我们所获得的信息是否足够全面，我们考虑过当时的各种情形吗，比如小包父母热情相邀，又或者两个小孩儿玩得特别开心而不愿分开。

- **推理路径**："我烧好了饭菜你们不回来吃，就是对我的不尊重"，这个逻辑和推理是有问题的。

- **结论**：得出的结论（不尊重我）也是不靠谱的。

当我们和别人沟通与相处的时候，不要忘了我们的目的是什么，真正的问题是什么，怎样来解决问题，我们有没有混淆一些概念，胡搅蛮缠等。如果我们得出的结论不客观，情绪就很容易产生。

而一旦我们对别人产生情绪了，别人也容易有情绪，这样一来，矛盾和冲突就很容易出现了。

高情商的人际交往与沟通之道

在讲解人际交往技巧之前，可以先做一些小测试。

- 生活中你有没有可以求助的人？
- 你知不知道如何向别人寻求帮助？
- 与人打交道时，你是咄咄逼人，还是唯唯诺诺？
- 当别人拒绝你时，你是否感到灰心丧气，从此就再也不会向他寻求帮助了，甚至干脆断了联系？
- 你敢于并善于拒绝别人的请求吗？对别人的要求照单全收，仅仅是因为害怕得罪他们？
- 你和身边的人是否经常会有矛盾？矛盾严重吗？
- 你能够勇敢而清晰地表达自己的意思吗，还是经常被人误解？
- 你能准确地理解他人的感受或需求吗，还是经常被人抱怨？

他人既是"天堂"，也可能是"地狱"，就看你人际交往的技巧如何了。

这里有三个关键：人际关系的拓宽、人际沟通模式的改善及人际小技巧修炼。

一、拓宽人际关系

可以通过三种方式来拓宽人际关系：修复从前的关系、推进目前的人际关系、认识新的朋友。

那些从前拥有的人际关系，有的已经不再来往了，但如果有需要的话还是可以尝试着修复从前的关系。找到对方的联系方式，澄清之前的误会，并诚恳地表示歉意。当然，你们的关系可能不再像从前那样了，或者至少也需要一段时间才能恢复，多点耐心才可能会有效果。

对于目前的关系，现在认识和交往的人中，有没有是你想要和对方加深了解与联系的，可以通过各种渠道和方式来推进。比如，一起吃个饭，唱个歌，喝个茶，或者商讨一些困难的合作，或者尝试着参与一些共同的活动。

除此之外，还可以去认识一些新的优秀而又有趣的朋友，现在这个互联网的时代，渠道是非常多样化的，比如通过社交网络或论坛、公益活动、户外组织、行业或专业协会以及读书会等。

最重要的是，自己主动，迈出第一步。比如，<u>你认可本书内容的话，完全可以和我联系，加入我们的社群乃至团队呀</u>！

二、改善人际交往与沟通模式

人际沟通模式主要有四种，分别是消极被动型（唯唯诺诺型）、攻击型（咄咄逼人型）、被动攻击型与自主型。

消极被动型的人会压抑自己的情绪，害怕面对冲突，极力回避矛盾，但结果往往是自己感到憋屈，情感受到伤害，利益也遭受损害。当然，也可能长期压抑，最后怨气积累到一定程度要么恼羞成怒，爆发出来，要么暗自神伤，远离与逃避。但无论如何，都无助于双方关系的真正改善。

攻击型的人则相反，总是想要操控和主导一切。他们在与人相处的过程中容易咄咄逼人，责罚、攻击他人，对别人的需求和感受比较冷漠。

被动攻击型的人是前两者的结合，从表面上看不出攻击型的特点或表现，他们一般也不会直接表达自己的看法，但会以更隐蔽的形式造成"攻击"，比如冷嘲热讽，通常以指桑骂槐、拐弯抹角的形式传达出来。

自主型的沟通模式则是最健康、最高效的。他们会用一种清晰、诚恳而又恰当的方式表达自己的想法、感受和意见，也能主动地倾听，诚恳地协商，既能够换位思考照顾别人的利益和感受，又知道坚持自己的原则，维护自己的利益。

我们每一个人都应当去反思自己的人际交往与沟通模式，尽可能往自主型沟通模式的方向发展，改善自我的人际交往与沟通模式。

三、提升人际沟通技巧

高情商的人懂得好好说话，这有赖于沟通技巧的提升：一方面，你要尽可能清晰而准确地表达自己的感受、需求和看法；另一方面，你又要尽可能地考虑到对方的需求和感受，努力让对方能够理解和接受。

1. 恰当地表达

很多人认为，在人际交往与沟通过程中应尽可能回避矛盾，其实，这是一种错误的观点。真正要做的是妥善沟通，达成共识，解决问题与矛盾，只不过在表达的时候要注意方式、方法和技巧，不能一味地批评、指责、抱怨或者发泄情绪。

那么，怎样才能做到真正有效而恰如其分地表达呢？

首先，明确自己的真实需求，不要一味地委屈或者压抑自己，如果对方的言行令你不愉快、不舒服就要勇敢地表达出来。否则，自己难受，对方也意识不到，伤害就很可能会持续。

其次，诚恳而明确地表达自己的感受，并且在言语上尽量不要带有攻击性，因为这样会激发对方的自我防卫机制，"死不认错"。

再次，要陈述具体的事实或行为，或者描述具体的问题所在，到底是对方怎样的行为让你很难受，为什么会难受。

最后，提出你的建议或要求。要求应该尽可能具体，明确说出希望对方做什么，不希望对方再做什么，可以用哪些行为或方式去弥补或进行改进。

2. 主动地倾听

好的沟通是双向的，高情商的人不仅懂得如何有效表达，更懂得如何主动倾听，倾听意味着理解、接纳、关心，而每个人都渴望被理解、接纳和关心。

怎样才能真正做到主动倾听呢？

倾听包含三个要素：真诚、同理心和接纳。

- 真诚就是表现真实的自己，展现你的真实情绪和反应，这是双方建立信任的基础。
- 同理心则是设身处地地去理解对方，站在对方的立场和角度去体会对方的情绪和感受。
- 接纳则是不要以自我为中心，放下内心的成见，充分地尊重对方。

这是倾听的内核与关键，包含这三个要素的倾听就不会以自我为中心，不会随意打断对方的谈话，也不会妄加揣测、曲解。

情商的内涵是非常丰富的，远不止于人际交往，更不是很多人以为的那样只是"拉关系"或"拍马屁"。

真正的高情商是自我克制、管理与激励，并能较好地理解与洞察别人的情绪和需求。建立良好的人际关系，与内向还是外向没有必然的关系。低情商则是对自我缺乏了解，自我管理能力低下，并且对于别人的情绪和需求麻木、迟钝或漠不关心。

要提升我们的情商，我们需要理解与认识自身的情绪，培养慧心，掌握情绪管理技巧，改善人际交往与沟通模式，提升人际沟通技巧，并最终提高我们的情绪觉察与管理能力，打造良好的人际关系。

性格内向的人如何打通自己的职业成长通道
——发挥内向性格的本来优势

很多人对于内向性格是有误解的。

误解一：内向的人情商低

在很多人的印象中，内向的人就是情商低，可实际上，情商与性格内向还是外向并没有多大的关联。

情商，指的是我们对于自身和别人情绪的了解、洞察、掌控和应对，包括自我意识、自我管理、同理心、换位思考、鼓舞、激励、领导等。具体来说，情商的范畴包含了理解、信心、忍耐、抗挫力、毅力、恒心、合作性等。

误解二：内向的人不擅长沟通

其实内向的人并不是不擅长沟通，而是不喜欢沟通。确切地说，是需要和对的人沟通对的事，遇到不合胃口的，或者无所事事闲聊瞎扯的，就闭口不言或是干脆远离。

内向的人本就专注于内心世界，更多地偏向于通过思考信息、概念或观点来进行提升并获得满足感，而不是通过与人相处、团队合作来获得满足感。并不是他们不擅长沟通，而是他们不喜欢那种无意义、无价值的沟通。

误解三：内向的人不擅长社交

内向的人也并不一定是不擅长社交，而是有选择地社交，也许他们人脉的数量会相对更少，但他们人脉的质量往往更高，也更牢靠。

人际关系的建立和维护更多地与一个人的主动、真诚、信任、坦诚、回馈（利他）等特质更为相关，这其实更多涉及我们前面讲的大五人格中的"宜人性"。

误解四：内向的人不能成为领导者或不容易获得成功

有很多领导者或者成功人士确实是外向的，典型的如马云和王健林。但同样有很多领导者或成功人士是内向的，只不过恰恰因为他们性格内向，更为低调和内敛，不喜欢抛头露面，所以才不被我们了解和熟悉。

能否成为领导者主要与一个人的动机、权力欲、视野、战略思维与洞察力等有关。至于能否成功，涉及因素就更复杂了，除了自身能力和素质，其实还包括运气和关系等。其中有的则是我们无法控制或改变的。

性格内向的人如何打通自己的职业成长通道

性格内向的人在职场上还是会有一些劣势的，如因为不够积极主动而失去机会，不太喜欢经营人际关系而使职业发展受阻等。

那么，性格内向的人该如何打通自己的职业成长通道呢？

一、充分发挥内向者的优势

内向者专注于自己的内心世界,喜欢通过仔细考虑资讯、观点、概念来获得满足感,而不是通过与人相处、团队合作来获得满足感。

内向的人更注重深度,更容易把事情想得透彻并做出明智的抉择。而且,有时人在单独工作的时候往往更有成效,所以内向者可以充分利用这方面的优势,更好地进行独立思考、自我探索及提升。

在和他人沟通或交往的过程中,内向的人更加热衷于有意义或价值的探讨,能够认真地聆听,审慎地分析并提出有见地的见解,而这更有利于建立高质量的人脉和关系。

二、选择那些内向者有竞争优势的职业或领域

在什么样的职业或领域,内向者会更有优势呢?

答案是那些需要专注思考、独立思考与抽象思考的领域,如IT、设计、咨询、工程、投资等知识或技术密集型职业。

在这些领域,绩效的获得更多地依赖于任职者的专业知识和技术,而非人际沟通、协调与关系处理等。因此,内向性格的人可以充分发挥他们的优势,独立思考,深入钻研,谨慎节制,而不必过于担心身边的"杂音"和干扰。

三、用另类的方式扩展人脉和社交

扩展人脉和社交的方式有很多,吃饭喝酒或应酬只是其中一种而已。

如果你性格内向,不喜欢这些无聊的应酬,其实也没必要强迫自己去适应或改变,完全可以通过其他的方式去扩展人脉和社交。

比如，在社交网络或问答社区通过不断输出和写作积累粉丝和人气，而后"以文会友"，寻找志趣相投、三观相符的人做朋友，而后又可以由点到面认识更多优秀的朋友。

四、展现内向者独特的领导魅力

性格内向的人不但可以成为领导者，而且可以成为优秀的领导者。

实际上，很多领导者就是内向的，如圣雄甘地、乔布斯、林肯等。对于内向的领导者来说，可以充分展现内向性格所具有的优势，如深思熟虑的规划。内向的领导者不一定光芒四射，但可以不怒而威。

内向还是外向并不是关键，最关键的是要有领导的意愿、宽广的胸怀和睿智的洞察力。有关领导能力的提升，我们在后文详解。

五、寻找性格互补的事业搭档

一个内向、不善交际、"不够圆滑"的领导者，可以去寻找一个性格外向、处事灵活甚至是八面玲珑、左右逢源的事业搭档。

在自己擅长的领域做到最优

每个人都有自己的特点，成功的道路也有千万条。

如果自己本身性格内向，就喜欢独处和思考、分析和钻研，对于各种人际活动并没有太大的热情，也不是很擅长，那我们没有必要为了培养所谓的"高情商"或拓展所谓的"人脉"而放弃自己的优势，转向自己不擅长的活动。

我们可以充分发挥内向性格中的专注、自制、自我激励和自我驱动等优势，在自己擅长的领域做到最优，成为行业内或领域内真正的专家。

当然，我们可以内向，可以偏爱独处，但不能趋于自我封闭，同样需要在沟通能力和领导力等方面加以刻意练习和提升。

价值百万的人际交往秘诀
——获得高质量人脉的不二法门

人际交往的秘诀我想用五个词来概括，分别是主动、真诚、信任、坦诚、回馈（利他）。

一、主动

"主动"可能是所有特质中最可贵的了，不管是为人还是处事。

我身边很多朋友都是我主动去结识的，和他们交往我真的也是受益良多。

这里的主动有两层含义。

第一层是必须自己主动跨出第一步，否则一切都是白搭，很多人就是局限在自己的小圈子里不愿走出去。

第二层是要有主动性思维，会换位思考，考虑对方的利益和需求，想方设法给对方提供价值而不是一味地占别人便宜，给别人带来负担。

举个例子，我想在微博上认识一个人，向他请教学习。一般人的操作就是不停地在他的微博上留言或者发私信，但这样往往难以如愿，因为这只是在给别人增加麻烦。我的操作则相反：不会去麻烦他，而是看他的文章后打赏，而后给他发了两次66元的红包，并且表示要把他的文章打印下来好好研究。后来他就让我加他微信，给我发了更多的资料，同时表示有任何问题都可以随时问他。

古语有云："将欲取之，必先予之。"实际上，当别人对你有需求的时候，或者你给别人带来便利与价值的时候，这种关系处理起来就如鱼得水了。

道理似乎很简单，但真正这样做的人似乎并不多。

比如，经常有人听说我要出书了，立马表示让我寄一本给他。假设他说，"哇，太棒啦！我到时候一定要去买一本"，甚至来一句，"我要买十本，送给我身边的朋友"，这样我听了肯定心花怒放啊，下次他请我帮忙，只要力所能及，我自然不会拒绝。

二、真诚

总体而言，我觉得自己还算是个比较真诚的人，虽然偶尔也会有"套路"，但这些套路主要是针对刚认识的人，毕竟人际交往刚开始的时候还是要符合"交换"与"对等"的原则的。

即便如此，"套路"背后其实也是脱离不开真诚的，这些所谓的套路不过是出于社交礼仪和尊重的考虑，为了更好地进行交往与合作。

在长期的人际交往中，真诚则显得尤为重要。

在生活中，我们都不喜欢那些虚伪、狡诈之徒：一是处起来觉得心累；二是不知道什么时候他就背后捅刀子。

所以，在长期交往中，最好的相处之道就是真诚。

当然，并不是你一上来就推心置腹，这样对方反而会担心你有所企图，所谓交浅切勿言深。

只不过，这里要强调的是，在长期的相处过程中，要真心实意，坦诚相待。

三、信任

信任其实包含两种属性：一种是理性决策，另一种是情感成分。

倘若信任缺乏理性，那就成了一种盲目和愚昧；倘若信任没有情感，那就成了一种冷血的预判。

从理性的角度来看，信任其实源于了解，所以我们可以从一个人的言行举止方面来评估他内外的一致性、言行的稳定性和可靠性，包括文章观点、交谈话语、交往的举止等；从情感成分的角度来看，从一个人的表情、姿态、眼神以及你们的互动等给你的感觉，皆可窥见一二，这就很难详细说清楚，是一种相对微妙的东西。

我个人是在对对方有了一定了解的基础上，首先选择信任，而后根据对方的反应来判断是否继续信任。

四、坦诚

这有些类似于心理学的一个术语——自我披露。

我在和别人交往的过程中，一般都是坦诚的。

比如，我和做私募的另一个朋友老王聊天的时候，聊得差不多了，我就把我的毕业证等证书都发给他。很快，他也把他的相关资质证书发给我了。

所以，进行适度的或充分的自我披露往往可以博取他人的好感，并促使对方进行自我披露。反过来，在你进行自我披露之后，从对方的反应当中也可以在某种程度上推测对方是否坦诚。

不过，单方面的自我披露很可能会被一些居心叵测的人利用。因此，我们还是要保持警惕，在对对方有一定的了解后，循序渐进地进行自我披露。披露的内容也应当由浅到深、由一般到私密，同时注意对方的回馈和反应。

五、回馈（利他）

两千多年前的圣人说，"君子重义轻利"。两千多年后的今天，很多人感慨："如今这世道，还有多少人是君子，都是拜金主义，利欲熏心。"

对此，我不敢苟同。

这种把"义"和"利"对立起来的观点放在现在其实挺无趣，也挺狭隘的，是典型的小农主义思想，缺乏市场和交换的意识。

即便是朋友，我们也要考虑和照顾对方的利益。而且，恰恰因为是朋友，我们才更要考虑和照顾对方的利益。当然，这并不是说"冷冰冰的利己主义的算计"，而是要有来有往有回馈。

在人际交往中，这种持续的互动和回馈是很重要的，站在第三方的立场冷眼旁观的话，我们可以发现，那些没法持续互动或回馈的人际关系注定无法持久。

获得高质量友谊和人脉的不二法门

人际交往，其实并没有什么高深的秘诀。

最根本的只有两条：

- 里子：人际交往中遵循"需求原则"，通晓人情，具有"同理心"，满足和照顾对方的需求和利益；
- 面子：礼貌、尊重，维护对方的"脸面"，讲究"表面功夫"。

或许有"套路",但"套路"不过是一些方法和技巧,是细枝末节的,"套路"背后的行为和特质才是最根本的。

如果非要说有什么秘诀,在我看来,大道至简——<u>主动、真诚、信任、坦诚、回馈(利他),就是获得高质量友谊和人脉的不二法门</u>。

打破职业刻板印象，发掘你的动机和力量
—— 找准一个领域，持续耕耘、积累和提升

小时候经常听人讲"一屋不扫，何以扫天下"的故事。

听起来着实有几分道理，但如果从职业及性格和能力的角度来分析，它是站不住脚的。

职业有分工，内容有差异，要求也有不同。

难道爱因斯坦胡子拉碴，头发蓬松，你就能说他连胡子、头发都处理不好，还想研究什么时间和空间的关系？这样的话，广义相对论和狭义相对论岂不是都不复存在了？

这里面其实涉及大五人格中的"责任心"维度。

责任心的四个关键子维度

责任心的四个关键子维度，分别是责任感、条理性、成就追求和自我效能。

一、责任感

责任感是对道德规范和义务的遵从，约定好了绝不爽约，诚信守诺，这些都是责任感的具体体现。

一个心智成熟的成年人肯定在责任心方面对自己有相当的要求，这也是所有组织都非常看重的素质，属于最基本的门槛性要求。

二、条理性

条理性是我们在学习、生活和工作中，对于次序的遵循与追求。条理性得分高的人做事认真严谨，注重小节和次序。反之，则是粗心大意、漫不经心、不拘小节。

有些人的办公桌面或者房间经常是凌乱不堪、一片狼藉，即使你帮他收拾好，过不了多久又恢复如初。

生活中也可能丢三落四的：出门忘带钥匙，坐地铁走错路线，甚至打车把包落在车上。

这种行为可以通过刻意练习和规范要求来加以改变，但是，这样的改变更多的也只是在某些特定的场合或特定要求下做出的，很难去真正改变这个人的性格本身。

所以，有些人可能在工作中会格外注意和要求自己，但是在生活中却仍然有些不拘小节或粗枝大叶。

这方面还是要注意区分：工作中或特定场合，我们必须强迫自己讲究条理和次序；但是，没有太大必要强迫自己在生活的各个方面去努力改变，一方面这种改变很痛苦，另一方面也未必能真正转变过来，所以，还不如想着如何去发挥自己的优势。

三、成就追求

成就追求反映了一个人的需要、动机、理想、信念和价值观，指的是我们对于目标的选择以及达成目标的内驱力。

每个人的成就动机水平是不同的。

- 最低水平的就是"**烂泥扶不上墙**"，他们在生活中得过且过，懒散堕落，无论你怎么考核激励都没用，让人有种朽木不可雕的感觉。
- 其次就是"**鞭策、要求**"，他们是不会有多少主动性的，只有在特定的外部环境或条件下，有外在压力时，迫于形势才会把事做好。
- 再往上则是"**告知、建议**"，他们之所以没有太多的行动和努力是因为缺乏方向和目标，不知道该往哪里走，又该怎么走，这种人只要你告诉他，给他好的建议，他就会努力去做好。
- 最高层次则是"**主动、自发**"，他们根本不需要外界或者他人的要求，纯粹是主动自发地去思考、探索和改进，典型的自我驱动型。

成就动机水平是相对稳定、不容易改变的。而在所有对人的职业成就的预测中，成就追求是其中一个最重要的个人特质，甚至没有之一。

四、自我效能

自我效能，可以简单地理解为我们对于自己能力的感觉与判断。

不同人的自我效能程度是不同的，我们可以对它进行行为等级锚定，如表 3-3 所示：

表 3-3 自我效能的行为锚定等级

级别	行为描述
-1	没有自信：经常怀疑自己，很容易表现出无力或无助感
0	不承受或逃避挑战：对他人或外界轻易就让步，缺乏信心
1	表现出有自信的样子：独立做决定，不会轻易被别人影响
2	对自己的能力有信心：视自己为专家，认为自己的能力优于其他人，对自己的判断有信心
3	自愿接受挑战：对于具有挑战性的任务感到兴奋，以有技巧或有礼貌的方式坚定地表达自己的立场或不同的意见

如何来提升自我效能感，让自己变得更加自信呢？

市面上流行很多"打鸡血""灌鸡汤"的做法，这些方法或许会有一点用，但没法从根本上改变。因为自我效能感不是凭空而来的，也不是你"打些鸡血"就能真正拥有的，它更多地与你过往的成功经验有关。如果你一直都失败，终究还是没法自我欺骗的。

所以，让自己变得自信起来的最根本的办法就是：行动起来，从点滴做起，获得小的进步与反馈，而后继续前行，获得更大的成功与喜悦……慢慢地，自信会随之而来。

在一个领域做到最优

责任心的四个关键子维度（责任感、条理性、成就追求和自我效能）还是有所区别的，同一个人在这四个方面可能会有不同的表现。

不同的工作对于性格的要求也是有差异的。

其中，责任感是所有工作都必需的；条理性则与文秘、财务、内勤等相关工作联系密切；成就追求和自我效能则对那些高要求和有挑战性的工作有着重要影响。

性格本就是难以改变的，尽量在"条理性"方面做到合格就差不多了，没必要强迫自己在各个方面都做到最优，那样，耗费太多的心智和时间，反倒可能得不偿失。

能够发掘你的动机和力量，找准一个领域，持续耕耘、积累和提升才是最根本的。

第四章 能力进阶 ▶ 挑战本能，打破固有偏见

职业生涯起步阶段还是挺重要的，它为我们后面几十年的职业生涯培养了良好的习惯，打下了一个好的基础。其中的重点与关键，还是在于意识和角色的转变、习惯的养成和能力的积淀。

求职秘诀

▼

招聘官不会告诉你的"套路"
—— 人才评价与选拔的"套路",助你自我评估

很多人热衷于所谓的求职面试经验与技巧,但实际上,求职人本身才是关键,如果非要说有什么技巧,我觉得就两个:明确目标岗位和面试官的需求,掌握面试官选拔测评的"套路"。

岗位和面试官的需求

有关岗位需求,由于行业、组织、岗位和面试官的不同,很难有统一的标准。其实,大多数岗位或者面试官的需求是,"来一个稳定性强、勤勤恳恳、任劳任怨,具有相关经验,能够把工作干好,而且最好还便宜的那种",当然,他们可能不会告诉你。

剩下还有一些则相对更"上档次"些,我身边一个朋友讲述了她对人才的期望和要求。

一、必备条件

- 智力中上。能够快速学习，有利于降低公司的培训和用人成本。
- 勤快。在员工智力差距不大的时候，勤快与否是表现优异者最重要的特质。这里的勤快，不仅是手脚的勤快，更重要的是脑的勤快。
- 人品端正。可参照前文"宜人性"的具体维度。

二、剔除条件

- 笨拙。
- 懒惰。
- 不好的品行，如嫉妒、自私、自大及工于心计。

三、加分项

- 整洁的外表。
- 令人愉悦的谈吐。不要求特别标准的普通话或者可进行滔滔不绝的演讲，而是要有和缓的语气、语调以及不冒犯的表达方式。
- 如果是贫困家庭出身的候选人，希望其具备坚忍不拔的意志和不卑不亢的心境，而非太过激进。
- 如果是中产或富裕家庭出身的候选人，希望为人谦虚且踏实，而非飞扬跋扈。

四、如果是作为未来管理层的后备梯队，还需要具备以下条件

- 大度，允许并接受差异的存在。
- 自律，树立好的榜样。

- 个人魅力，能够调节团队氛围并提高凝聚力。
- 公正的处事态度，绝大多数情况下不以自己的喜好对待人和事。
- 向上沟通的能力。

我非常认可她的标准和要求，当然，要满足这些要求绝非易事，能同时满足以上条件的，绝对可以算得上是高潜力人才了。

此外，如果是已有工作经验了，那么相关工作经验则变得更为重要，因为这时候要的是一个来之即用的人。

所以，第一份工作还是蛮重要的，虽然不会决定人的一辈子，但还是会有不小的影响。因为你以后再找工作，用人单位很可能会根据你上一份工作的情况来进行筛选评判。

应尽可能找一个好的平台和岗位，而判断的标准其实非常简单：一般对方要求越高，对招聘越重视，竞争越激烈，则越好；反之，随便一个人都能去，没什么门槛和要求的工作，则要尽力避免。

人才评价与选拔的"套路"

从选拔程序上来看，大多数企业会有初步筛选（网申、简历和笔试等）和无领导小组讨论、结构化面试和行为面试这些环节。倘若流程和环节很草率，那么，可以推断对方要么不重视，要么不专业，聪明的你就需要慎重考虑了。

一、初步筛选

初步筛选的形式多种多样，应届生可能有网申、简历和笔试等，社会招聘则多半只有简历筛选这一个环节。

网申和简历其实大同小异，只不过是不同的形式而已。笔试分为一般智力测试和专业知识测试。一般智力测试和国家公务员考试的测试题类似；专业知识测试则各有各的不同。

当面试官进行初步筛选的时候，通常会采用两步法来处理简历。

- **第一步**：淘汰那些连起码的工作要求都不符合的简历（劣汰）。
- **第二步**：在合格应聘者中比较他们的细微差别，寻找最有可能符合岗位要求的人（择优）。

具体来说，主要查看以下内容。

- **总体外观**：简历是否整洁、规范？有没有语法或文字错误？
- **工作经验**：过去有哪些与岗位相关的工作经历和经验？担任过什么职务？做过什么？
- **资质能力**：是否具备岗位相关资质？有无相关证书？项目能力如何？
- **教育培训**：受过什么样的教育？有没有取得相关的专业证书？

接下来重点分析下面几点。

- 哪些内容（学历、专业、经验、职称）符合岗位要求。
- 不符合岗位要求的话是否在可容忍的范围内，如学历略低但是经验丰富，经验略浅但有相关资质和项目经历，职位略低但有同行业知名企业经验等。
- 是否有明显的疑点，如职业履历中的空白期，频繁的工作转换等。

对于应届生而言，简历之间的差别主要体现在学习成绩、成长背景（家庭、出生地）、校内外实践经历、资质证书和奖励及求职意向和动机等方面。

所以，应届生务必为求职提前做好规划与准备，结合自身专业了解意向行业、职业与岗位的工作内容与要求，并以此为目标构建和提升自己的岗位胜任力。同时，在资质证明、奖励证书及实习实践等外在方面更好地凸显自身优势。

二、无领导小组讨论

在无领导小组讨论中，有两个重点内容是必须要关注的：一个是无领导小组讨论的考查内容与评价标准，另一个是无领导小组讨论中的角色及定位。

1. 无领导小组讨论的考查内容与评价标准

所有的工作，尽管内容会有所差异，但归根结底无非是两个方面：处事和为人。

"处事"，在这里主要指的是对于问题的理解、分析与把握能力，包括理解能力、分析能力、综合能力和创新能力。

无领导小组讨论可以考查评估候选者对问题的分析能否抓住关键，思路是否清晰，条理是否分明，论点是否鲜明，论据是否充分，是否能准确把握和综合他人的观点，观察和讨论角度是否新颖，能否推陈出新。

这些都属于非常重要的"可迁移技能"，几乎与任何行业、组织和岗位都有关联，而且越是复杂、重要的岗位，这方面的要求越高。

对于"为人"，我们可以分为两大方面来考查：一是个体特征和行为风格，包括仪容仪表和精神风貌；二是团队工作表现，包括人际沟通能力、团队合作能力、组织协调能力以及人际影响力。

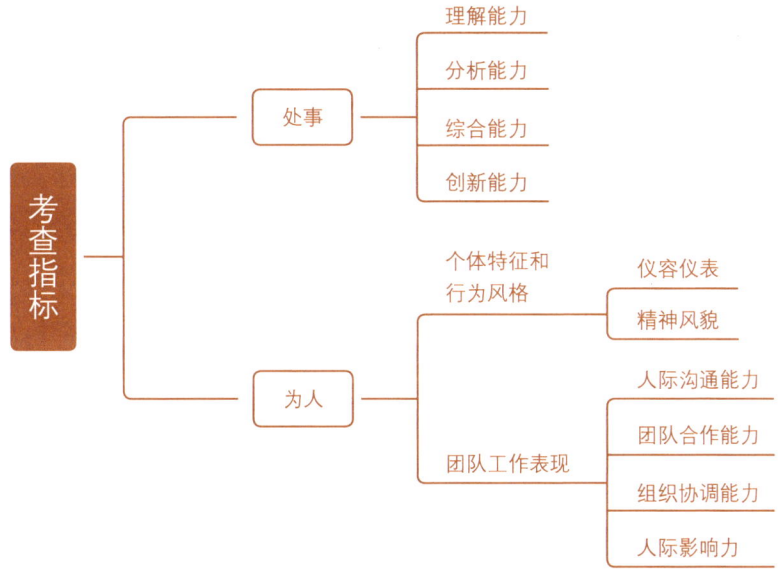

图4-1 无领导小组讨论考查内容

针对每一项能力,我们都可以对它进行界定并进行行为锚定。

以"人际沟通能力"为例,它和演讲能力是不一样的,并不是要你口若悬河、滔滔不绝,而是看你能否准确理解对方的意思并清晰表达自己的观点。

沟通能力 = 准确理解对方 + 清晰表达自我

沟通能力有什么样的表现呢?

- 口头表达清晰且流畅。
- 善于运用语音、语调、目光和手势等强化表达的内容。
- 尊重他人,能够倾听和接受他人的合理意见。
- 对矛盾和冲突保持冷静,并妥善应对解决。

我们可以通过采用行为锚定的方式对沟通能力进行级别评定，不同的行为表现意味着不同的沟通能力水平，如表4-1所示：

表4-1 人际沟通能力等级的行为锚定

级别	行为描述
-1	忽视其他成员意见，一味只想着自己表现，不尊重人，随意打断别人
0	听、说、问三种行为都有出现，表达一般
1	听、说、问三种行为都有出现，表达观点清晰明确
2	能够清晰表达自己的观点并进行有效的听、说、问，准确理解对方的观点
3	在2的基础上，情绪冷静，安抚对方情绪并引导对方冷静讨论交流

这样一来，我们可以借助这些行为锚定，对自我进行反馈和评估，并在日常工作与生活中加以训练、提升和改进。

2. 无领导小组讨论的角色及定位

在无领导小组讨论中，面试官并不会指定角色，但是在讨论的过程中自然而然就会形成角色分工（否则，就很难完成任务），典型的角色包括组织者、时间控制者和记录总结者。

很多人认为组织者是最容易做的，但要成为一名好的组织者并不容易，在人际关系处理、问题分析、进程协调与控制方面都有较高的要求。

- **人际关系处理**：团结、带动、支持和鼓励其他成员。
- **问题分析**：确定总体思路，而后讨论具体方法、步骤与方案。
- **进程协调与控制**：发言机会要尽可能均衡，思路偏颇的时候要纠偏，议程进度拖延时要推进。

一个好的组织者应当是以团队成就为导向的，有较强的逻辑思考与分析能力，以及人际关系协调和处理能力。

时间控制者也可以发挥自己的作用和贡献。

根据内容和时间规定，初步规划各个阶段，分配好时间并与所有成员协商好，然后严格按照预定时间管控过程，引导大家做到言简意赅，甚至适当地打断滔滔不绝的人。当然，要注意方式方法和技巧，以免产生矛盾。

记录总结者其实也可以有出彩的表现。

在讨论的时候，标记清楚每个人的发言，记录重点与关键并对它们进行梳理和归纳。在团队讨论陷入僵局或困难的时候，可以适时梳理回顾，把整个思路理清楚，帮助团队更好地推进讨论或者补充点子、完善方案。在讨论结束的时候，可以争取当代表来总结陈述。当然，也不需要急着去表现，可以把记录清晰、条理清楚、重点突出的内容准备好，然后征询其他成员的意见。假设有别人抢着去发言，也不用去争抢，照样把整理好的内容给他，如果他总结得很好，表示认可；如果他总结得不好，你可以补充或重新总结。

无领导小组讨论的角色定位，需要结合自己的特点和专长以及团队情况来确定。有当组织者的能力（逻辑思维能力、沟通能力、组织协调能力和人际影响力）可以争取，如果实在做不了组织者，可以发现并辅助组织者。

无领导小组讨论并不需要争得你死我活，发言也不是多多益善，恰恰相反：发言应当有理有据、言简意赅，且要和小组成员进行互动；讨论不是为了争斗，而是一种团队合作，是为了达到共同的目标。

三、结构化面试和行为面试

虽说不同岗位的任职资格是不一样的，但我们还是可以对它们进行分类，包括知识、技能、能力和个性特质，如表4-2所示：

表 4-2 结构化面试考查要素

知识 knowledge	技能 skill	能力 ability	个性特质 personality
1. 专业知识 2. 行业知识 3. 法律法规	1. 计算机 2. 英文 3. 机械操作 4. 其他	1. 计划 2. 组织 3. 控制 4. 问题分析与解决能力 5. 团队合作能力 6. 领导能力 7. 沟通能力	1. 主动性 2. 创造力 3. 独立工作性 4. 自信 5. 团队精神 6. 灵活性 7. 服务意识 8. 注重细节 9. 诚信

无论面试官问什么样的问题，出什么样的"花招"，归根结底都是想要了解以上内容，同时考虑你与岗位任职要求之间的匹配性。

这是所有"套路"的内核，就类似于武林秘籍中的心法，万变不离其宗。

结构化面试的题目类型比较多样，主要包括背景性问题、知识性问题、思维性问题、经验性问题、情境性问题、压力性问题以及行为性问题。

此处不再针对每一个问题展开详细讲解，更多详细分析，欢迎关注我们的微信公众号——思维灯泡。

这里重点介绍一下行为面试和"宝洁八大问"，尤其是它们背后的逻辑。

行为面试有两个前提和假设。

- 一个人深层次的特质和性格是相对稳定的，因此通过他过去的行为能够大致预测其未来的行为。
- 说和做是截然不同的两码事，真实的行动比主观的看法更重要。

因此，行为面试的重点在于了解应聘者过去的实际表现和真实行为，而不是他对某些问题的看法和观点。

"宝洁八大问"是典型的行为面试题目，它们不是宝洁的某一个面试官突发奇想编造的，而是由高级人力资源专家精心设计的。

这八大问中没有任何一个是考查具体的知识和技能的，也与你的学校、学历和专业几乎没有任何直接关系。

因为知识、技能或学校、学历与专业并不是决定一个人绩效表现的根本因素，尤其是对非技术类、研发类专业或岗位而言。

不看学校、学历、专业，不考查知识和技能，那看什么？

看潜力！

具体来说，"宝洁八大问"主要包含以下要素，如图4-2所示：

图4-2 高潜力人才素质模型

"宝洁八大问"基本上全部涵盖了这些要素，如表4-3所示：

表 4-3 "宝洁八大问"的内在考查要素分析

1	请你举一个具体的例子，说明你是如何设定一个很高的目标然后实现它的。（成就动机）
2	请举例说明，你在一项团队活动中是如何采取主动性，起到领导者的作用，并最终获得你所希望的结果的。（人际影响、领导、鼓舞）
3	请你描述一种情形，在这种情形中你必须去寻找相关的信息，发现关键的问题并且自己决定依照一些步骤来获得期望的结果。（分析思考）
4	请你举一个例子，说明你是通过怎样的事实来履行你对他人的承诺的。（责任心）
5	请你举一个例子，说明在完成一项重要任务时，你是怎样和他人进行有效合作的。（团队合作、人际潜力）
6	请你举例说明，你的一个有创意的建议是如何对一项计划的成功起到重要作用的。（思维创新）
7	请你举一个具体的例子，说明你是怎样对你所处的环境进行评估，并且能将注意力集中于最重要的事情上，以便获得你所期望的结果的。（洞察力、思考的准确性）
8	请你举例说明你是怎样学习一门技术，并且怎样将它用于实际工作中的。（综合）

这里也不再针对每一个问题展开详细讲解，感兴趣的欢迎去收听我的知乎 live，里面有系统深入的分析。

自身的能力特质和实力才是最关键的

求职的成功，最根本的还是取决于这个人本身，而不是任何别的技巧。

根本就没有什么面试秘籍能让你瞬间脱胎换骨，或者一下就顺利通关。

如果非要说有什么技巧的话，它的作用更多地在于你不会因为不懂这些而被淘汰，却不能让你仅仅因为掌握了这个技巧就被录用。

面试技巧不是最根本的，自身的能力和实力才是最关键的。

最好的面试之道，不是想方设法去伪装或是蒙混过关，而是真正结合高潜力人才的关键胜任特征，借助行为面试测评的逻辑和方法，进行自我评估，并在自我认识的基础上真正通过行动来加以提升和改进。

人生真的是一次长跑，职业发展也是一段绵延不绝的旅程。在这个漫长的过程中，你是什么样的人，就终究会有什么样的发展。

走出职业发展的迷茫期
——对自己的职业发展真正负起责任来

如果你已经工作了，但是现在的工作一直都是"打杂"，感觉没前途，其实多半是自己的过往造成的。

你的过去造就了现在的你，你的现在造就了将来的你。

唯有认识过去，方可了解现在；唯有把握现在，方可改变将来。

所以，我们就需要对现状进行分析，并采取行动加以改进。

我们可以沿着由点到面、由小到大的思路思考以下几个问题。

一、岗位

- 你的岗位是什么？
- 主要工作内容和职责是什么？工作量如何？
- 你的工作流程是怎样的？你向谁报告？谁向你报告？你的工作过程应怎样加以改善？
- 你工作中最具挑战性的是什么？你怎样提高工作效率和服务品质？
- 你和公司内或公司外哪些人有定期性接触？涉及哪些内容？你是怎

样和他们打交道的？他们对你的评价如何？

• 上司是个什么样的人？你对他的了解程度如何？

• 平时你和上司主要的沟通方式和内容是什么？你是如何向他汇报与沟通的？他对你的评价如何？

• 下属在知识、技能和经验上必须具备哪些资格才能完成你现在的工作？

• 你的业余时间都做什么？具体如何分配的？

二、组织

• 你们公司有哪些业务？核心业务是什么？业务流程如何？关键环节是什么？

• 公司成立多长时间了？规模多大？公司偏重什么样的文化？

• 公司人员素质如何？

• 公司哪些方面是你喜欢的？哪些是你不喜欢的？

• 公司组织架构如何？你能否详细地画出公司的组织架构图？（包含各部门各岗位及其权责关系）

• 公司有没有相关的培训？有的话，你掌握程度如何？没有的话，你是怎样自我学习和提升的？

• 你的职位在公司中处于什么样的位置？有何晋升通道或发展空间？

三、行业

• 行业发展阶段和水平如何？是新兴行业还是已趋于成熟？

• 行业领先的公司有哪些？你们公司处于什么样的行业水平？主要竞争对手有哪些？

• 行业的关键交易环节如何？主要参与者都有哪些？

四、职业

- 你的职业是什么?有哪些职位类型?发展空间怎样?
- 不同职业薪资水平如何?主要工作内容是什么?任职要求是什么?
- 评估自身,你感觉差距在哪里?如何弥补?

如果你从来没有想过这些问题,或只是想想而已,没有付诸努力进行思考和行动,浑浑噩噩,那么,你就很可能陷入职业"瓶颈"。

所以,一个人要为自己的职业发展真正负起责任来!

多花些时间和精力在自己的职业发展上,不要等到自己后悔的时候才发现可能已经来不及了,或者要付出更大的代价和成本。

> 角色
> 蜕变

从校园人变身职业人
——打破职业幻想，厘清发展方向，明晰不同阶段的提升需求

从校园人到职业人，虽一步之遥，却咫尺千里。

要顺利实现角色的蜕变，扬帆职场，还真的需要历经打磨和淬炼，从角色意识的转换开始，打破对职业的幻想，并逐步厘清职业发展的定位与方向，明晰职业发展路径与能力素质要求。

一、转换角色意识，打破职业幻想

初入职场的年轻人很容易有一些不切实际的职业幻想，典型的包括工作要有充足的自由度和自主权，工作性质多样化还兼具趣味性，工作与生活平衡，等等。

1. 工作要有充足的自由度和自主权

对于初入职场的年轻人来说，在工作上有充足的自由度和自主权在某种程度上也是一种职业幻想。

一个组织要有效，它就必须是层级制的，任何一个成规模的公司也都是层级制的，因为这样一种机制才是高效的，它使单个人不可能完成

的任务通过组织得以完成。

组织本身就是通过目标的分解层层下达，并要求各层级服从指令、履行职责来达成目标。所以，才会有这么多的职责划分，如人力资源中负责薪酬和负责招聘的可能单独设置，生产管理、设备管理以及安全管理也有各自不同的岗位。

因为这些岗位对人的知识技能要求是不一样的，这样一种划分可以降低对个人的要求和依赖：一方面，招聘和培养起来容易多了；另一方面，就算有人离职，岗位的可替代性也很强。

所以，个体在组织中本就很难获得充足的自由度和自主权，即便是中高层管理者也如此，更何况是初入职场的新员工。

2. 工作性质多样化还兼具趣味性

我不止一次地听见有人向我吐槽，"工作枯燥乏味，都是重复琐碎的工作"。我很理解他们的感受，可这种情况对大多数人而言恐怕是难以逃避的，或者至少会有那么一段日子逃离不了。

现代化工业社会的一大特点就是社会分工，正因如此，很多职业都成了繁杂、琐碎和重复的工作，比如会计、出纳、售货员、行政人事等，更不用说其他的如制造业、建筑业工人了。

但是，恰恰是这种境遇才能反映出一个人的内在品性。实际上，在职业生涯之初，简单的事情重复做、重复的事情用心做，这种自我驱动的动力和自律，才是支撑一个人发展和蜕变的根本所在。

当然，并不是说让你安于现状，只是强调先把手头的事情做好，把手头的事情做到极致。

我刚毕业的时候，在一个独立院校当老师，虽然不少同事抱怨工作枯燥、无聊，整天就是备课、讲课，可在我看来，这些工作其实需要大量的准备和思考。所以我在教学中要搜集整理大量的资料，每次备一门专业课，都需要阅读几本乃至十几本相关书籍，借鉴几十份 PPT，参阅几十篇乃至几百篇相关理论性或实践性文章，并最终加以系统梳理和总结提炼。每次课前还要优化，课后继续改进。

在这个过程中，我的工作成效越来越好，并且获得了良好的外部反馈与认可。在不知不觉中，工作反倒变得丰富多彩还兼具趣味性。

3. 工作与生活平衡

随着人们物质条件的极大改善，越来越多的年轻人表现出工作与生活平衡的念头与倾向，这当然无可厚非，但工作与生活平衡是需要物质基础的。如果你除了微薄的工资没有其他收入来源，那除了努力工作，你可能真的没有其他选择。

董明珠说过三句话："做业绩，天天想着要上级主动教你带你，请回到学校去，多交点学费，老师或许可以一对一教你；要上级盯着、管着才去做的，请到富士康去，流水线才最适合你；要让上级哄着你做事的，请回到你妈妈身边去，长大了再来面对这个世界。"

这话看似蛮横霸道，却也是老板们内心的真实写照。当你什么都没有的时候，真的没什么条件谈平衡。

实际上，在职业发展的道路上，最重要的事情之一就是明晰自己的价值观。不需要太复杂，只需要从成长发展与轻松安逸中进行选择即可。这两者是不能同时兼得的，想要成长发展和获得更高的收入就必须迎接挑战，想要轻松安逸则注定后期发展和收入会受限。

不过幸运的是，我们完全可以抛去"工作与生活平衡"的艰难抉择，努力实现"工作与生活的融合"。实现这一目标的唯一途径就是投入具体的工作和任务当中，并不断有好的绩效和表现。

二、逐步厘清职业发展的定位与方向

虽说本书的前半部分系统地讲解了职业规划，但实际上，对于大多数人来说，一个真正有效的职业规划，是在踏入社会有了社会经验之后才做出来的，而且是阶段性的，需要在实践中不断地进行调整。

这个过程不是一蹴而就的，但我们必须慢慢做出努力，不断进行探索和反思，如图4-3所示：

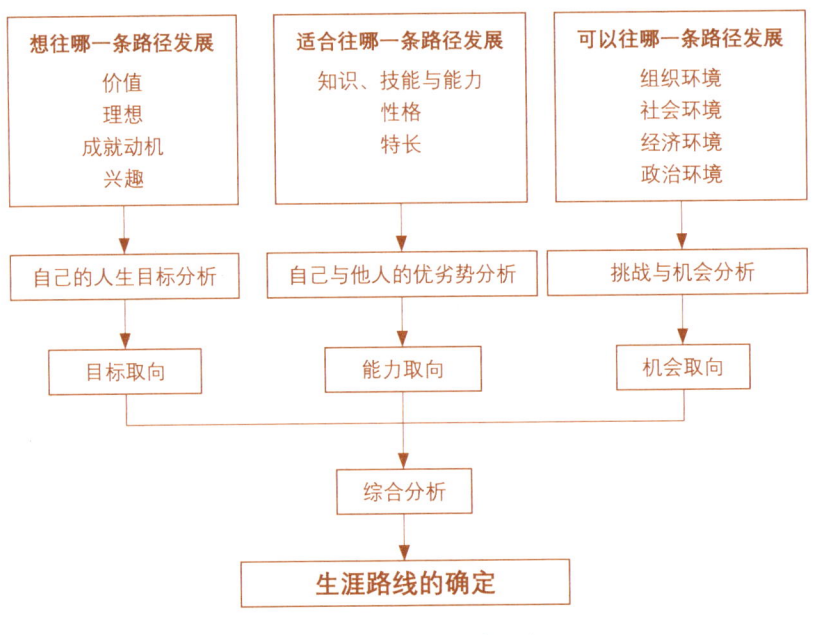

图4-3 职业生涯路线规划

在职场中，但凡那些有所成就的人，大多都在自己擅长的领域精耕细作了至少10年。而那些频繁跳槽或转行，却从来没有在任何一个方向深入积累或者只是简单重复劳作的人，总有一天会发现很难找到适合自己的位置了，尤其是在年岁渐长、家庭和生活压力与日俱增的情况下，职业的瓶颈和微薄的收入会使他们的生活变得狼狈不堪，捉襟见肘。

因此，我们要及早树立起职业规划的意识，逐渐找到方向，围绕目标来积累经验、提升能力，哪怕走慢一点，也比走弯路要快啊！

职业规划，无非是探索一条发展路径（职业），而后逐步前行。只不过在探索这条路径的过程中，我们需要考虑内外部因素：内部因素包括目标（价值、理想、兴趣和动机）与能力（知识、技能和性格），外部因素则涵盖大的社会环境与小的组织环境。

三、明晰职业发展路径与能力素质要求

职业发展道路我们称为"外职业生涯"，与之相对应的则是"内职业生涯"，也就是职业所要求的知识、技巧、能力和素质。这两者是相辅相成的："内职业生涯"需要通过"外职业生涯"来修炼和体现，"外职业生涯"离不开"内职业生涯"的支撑和推进。

1. 个体学习和成长的逻辑

能力素质相对抽象，正因如此，对于它们的提升，不少人显得有些束手无策，但它们实际上也是有规律可循的。个体学习与成长的逻辑如图4-4所示：

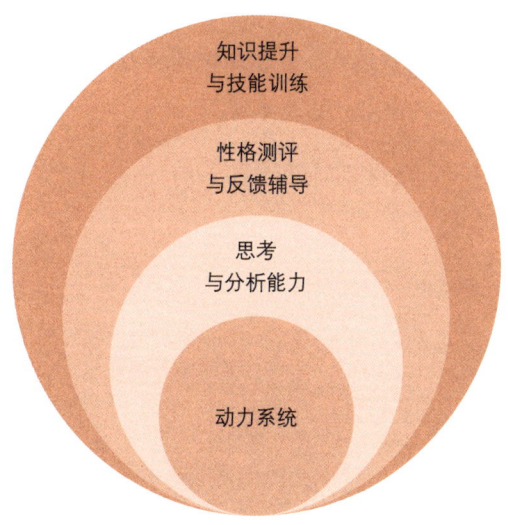

图4-4 个体学习与成长的逻辑

居于核心的是内在的动力系统,包括一个人的理想、信念和价值观,它决定了行为的发端和持续。对于那些自身没有任何发展和提升意识的人而言,外部环境和引导有些时候还真的是徒劳。

有了动力还不够,思考分析也非常关键。问题思考与分析能力作为一种最重要的可迁移能力,是衡量一个人能力水平的重要指标,甚至没有之一。

然后是性格特质,为了更好地了解性格,并且在测评与反馈的基础上加以改善,我们可以结合较为科学的性格理论进行自我剖析,详情参考前文。

以上三种是所有行业、组织和岗位通用的,每个人都需要在这些方面进行自我评估、测评和反馈改进。具体到每一个不同的职业和岗位,肯定会有不同的要求,这些差异就集中体现在知识和技能方面。

2. 不同阶段的学习提升需求

职场新人,更多的是要转变角色和意识,培养良好的工作习惯以及通用技能,同时积累岗位相关知识和经验;中层管理者,除了业务精进,还需要在管理、沟通和协调等方面加以提升;高层管理者,更加侧重的是在组织和战略方面的管控,需要在组织领导力方面加以提升。不同职业发展阶段的学习提升需求,如表4-4所示:

表4-4 不同职业发展阶段的学习提升需求

职场新人	职业人角色定位与转换	中层管理者	管理的角色与定位
	职场高效工作法则		工作计划与控制
	职场人际与沟通		下属培育与指导
	新员工职业发展与规划		管理沟通与协调
	玩转 Excel		领导、激励与授权
	PPT,做得好看		开一场成功的会议
高层管理者	战略、财务、企业文化、薪酬、经营决策		

在互联网背景下的今天，真正的人才其实是很难被埋没的。

怀才不遇的事情不敢说没有，但其实是很少的，更多的是那些自以为怀才不遇，但其实并不是真的那么有才华的人。

因为有才华的评判标准不是你有多高的学历，或是如何学富五车、才高八斗，而是在社会分工与交换中，你到底能占据什么样的位置，具有什么样的价值，有什么样的成绩和表现。

毕业后，不同人的差距是如何形成的
—— 内部归因、成就动机与人际关系中利益的处理

除了运气和家庭关系，毕业后，不同人的差距是如何形成的呢？主要有三个方面。

一、内部归因 VS 外部归因

在个体成长与发展的道路上，最重要的一件事可能就是——把别人的问题转化为自己的问题。

我就遇到过这样的同事，在他眼里，问题基本上都是别人的：单位那个领导总是对自己颐指气使的，还特喜欢拍马屁，看到就烦；追了好几个女孩子都"悲剧"了，感慨现在的女孩子都拜金，之所以被拒都是因为自己没钱……

可我和他的领导交流过，他的领导人其实还不错，他所谓的"颐指气使"不过是安排工作，他眼里的上司"拍马屁"，其实是很好地贯彻上级的指令。至于被女孩子拒绝，没钱确实是一个原因，但真的不是唯一的原因，甚至不是最重要的原因。

人其实是有心理防御和保护机制的，以此来维护自己脆弱的自尊，以及下意识地推卸一些责任。

正因如此，很多人其实很难听得进不同的意见或者相反的声音，遇到问题时的本能反应也是归咎于外在或他人。

这很正常，每个人都或多或少有这个倾向。

可是，这种思维和心态是非常有害的，因为一旦我们有这种思维和心态，那我们就似乎看起来不必承担任何责任了，一切问题或关系都变成了"都是你（们）的错"。

是你们的问题，不是我的责任，所以我就不需要做任何改变，也就因此错过改进的机会了。

我们如果要真正改变现状，解决问题，实现自我提升，则必须转变过来——把别人的问题转化为自己的问题。

一旦你转变成这种思维方式，你就会看到很多以前看不到的东西。

- 你不再抱怨公司的缺陷和不足，而是欣喜地发现：这些都是让自身价值变现的机会，否则你存在的价值和意义何在呢？
- 你不再对薪资斤斤计较，因为你明白只要自身价值能够真正提升和体现，即使老板不加薪，外面的机会也不少。
- 你不再局限于完成自己分内的工作，而是想着做更多的事情，承担更多的责任，因为这些都是你了解行业并进行自我价值提升的大好机会。

二、成就动机强弱

曾经有老板问这样一个问题：

有个月薪三千元的妹子，编的稿件漏洞百出，我怒拍桌子，她却回了句："一个月三千元工资，你还想怎么样……"我该如何教育这样的员工，是直接开除还是教育呢？

下面一堆人冷嘲热讽，坚持认为妹子怼得非常正确。我拿多少钱，我就给你干多少活，如果钱没给到位，我那么拼干什么？

当然，我们不能说这种观点就完全是错的。但是，对于个人成长和职业发展而言，这真的是有害而无利。

倘若是我的话，即便暂时工资低，假如没有其他选择的话，我也会努力把这份工作做到最好。不是为老板考虑，而是为自己的将来着想。

倘若我们能把打工者心态转换为创业者心态，局面就会完全颠倒过来了。

这时候，工作就不再是一份聊以糊口的苦差，而是学习积淀、提升自我的平台。我们可以深入其中，了解行业和业务，提升技能，积累经验，甚至以后自己跳出来创业。

当然，你也可以不用创业，但这种心态仍然会使工作有较大的改观。而且，有了提升和积淀，做出了业绩之后，也是未来跳槽最重要的筹码呀！

不过话又说回来，除了观念和认知，还有个关键的因素，即成就动机。

每个人都想获得成就，但动机的强烈程度是不同的。

我们要区分伪成就动机和真正的成就动机，看以下四条。

- **高目标**：愿意接受有挑战性的任务和目标。
- **主动性**：不用他人监督和督促，而是自动自发和自我激励。
- **坚持不懈**：在困难面前不轻易退缩，而是积极努力、坚持不懈。
- **持续改进**：对工作精益求精，不断优化工作流程和方法。

如果你符合这四点,你就真正具有很强烈的成就动机。否则,那就是伪成就动机,或者说其实你的成就动机不强,只是你以为自己强而已。

三、人际关系中利益的处理

人本质上是"自私自利"的,但应区分小利与大利、短期利益与长远利益。

我们应当与人为善,但这里并不是说要多善良、多高尚,而是要照顾到别人的利益和感受。只有兼顾他人的利益,别人才愿意跟着你,你也才能带领其他人完成工作,实现目标。

《素书》中有这样一句话:"德者,人之所得,使万物各得其所欲。"

当我读到这句话时,有种豁然开朗的感觉——"德",就是让世界万事万物各得其所欲呀!

- 父母要颐养天年,要过得舒心、舒坦,所以我们要孝顺、关心他们。
- 子女要健康快乐地成长,要开心、快乐,所以我们要关心、呵护他们。
- 伴侣要和你在一起,要幸福,要爱情,所以我们要疼爱、体谅他(她)们。
- 上司想要团队成功,要绩效,要收益,所以我们要支持、尊重他们。
- 下属想要不断成长,要学习,要进步,所以我们要培养、辅导他们。
- 朋友想要从你这里获得一些利益,所以我们要想方设法帮助他们。

当然,我们也是"万物"的一分子呀,我们自己也要"得其所欲"呀。

所以,"德"的最高境界,应该是尽可能满足我们和周边人与物的利益和需求,同时又不至于过分委屈和压抑自己。

内部归因,让自己真正承担起责任来;成就动机,驱使自己不断成长与进步;人际关系中妥善处理好利益,让自己能够借助他人和团队的力量。

能够做到这三点的人,成长速度不可能慢,从长远来看,也是不可能被埋没的。

剩下的,就需要一点点机缘了,那就把结果交给时间吧。

时间管理的真正秘诀
—— 激发动力并找到实现目标的靠谱方法，掌握时间自主权

很多人热衷于学习各种时间管理的方法和技巧，以成功人士为榜样，给自己安排详细周密的计划表，并运用各种各样的软件与工具……

然后，过段时间多半就没有然后了。

这是为什么呢？

因为热衷于所谓的时间管理的人，主要有两种：一种是欲求不满，想要努力上进却毅力不足、不能持续，总是三天打鱼、两天晒网的人；另一种则是工作琐碎、任务繁忙，或是外在干扰过多，没法自我掌控，以至于力不从心的人。

换句话说，大多数人之所以无法有效地管理好时间，一是因为懒散、动力不足；二是因为干扰过多，无法自我掌控。

这两个问题其实都难以通过各种流行的时间管理技巧来真正解决。

要真正解决时间管理的问题，需从两个方面着手：一是动力方面；二是时间的自主权方面。

动力

一、为何会缺乏动力

主要有两个方面的原因：一是周围的大环境不良，缺乏比较对象，也就没有目标和动力了；二是努力过程中缺乏反馈，动力无法持久。

1. 受周围大环境的影响

假设你是一个学生，你周围的同学都逃课，完全无心学习，平时从不努力，考前突击，甚至连突击都懒得进行，考试靠抄袭，甚至连考试都懒得去，时间久了，你也会受影响。

又或者工作了，周围的同事都是得过且过混日子，或者干脆"提前养老"，一两年下来，你就很容易被同化。就算不被同化，你的学习劲头也不足了，什么计划或者时间管理之类的，通通懒得去做。

2. 方法不奏效，缺乏良性反馈

空谈意志力是行不通的，人的意志力都是有限的，没有正向的反馈和刺激，真的没几个人能坚持下去。

比如，我在互联网上发了很多篇文章，现实中也坚持写作、思考和开发课程。很多人可能觉得我有很强的意志力。

实际上，这是一种假象和误解：<u>意志力固然是一方面，可是正向的反馈和刺激可能更为重要</u>——学习或工作的成就感、胜任感、自主感以及外部的反馈和认可是影响动机的非常重要的因素。

- 认真写一篇文章，讲一个观点，把它写好、讲清楚，自己有胜任感。
- 别人的点赞、评论、关注，让自己有成就感。
- 能挣稿费、签约费，有外部物质激励。

这些都属于正向的激励，要是没有的话，肯定过不了多久我就放弃了。

二、如何给自己动力

怎样给自己动力，让自己奋发向上呢？

1. 改变自己所处的环境

跳出自己狭小的圈子，接触那些优秀的人，感受他们所做的事，体验那些波澜壮阔与五彩斑斓。

见识与经历是获得动力的重要途径。

2. 寻找实现目标的靠谱方法

慢下来，分析目标和过程本身，找到正确的方法，取得正向的反馈。

第一，目标要合适，稍微跳一跳就能达到。

如果目标太高、太困难，那是很令人沮丧的。

比如，200 斤的胖子一下子要减 90 斤，太困难了，还不如先保持体重，不继续增长就行。

越是小的目标，越容易实现，而一旦实现了，则会给我们提供正向反馈和刺激，激励着我们继续向前。

第二，分析事情本身，把握规律，取得好的效果。比如，你想做新媒体，那就得去分析和琢磨。

- 点赞的一般是引起共鸣的，点赞表示别人认可。
- 别人关注你，一般是因为别人觉得关注你能够获得一些价值。

像剥洋葱一样层层深入分析。

- 怎样才能引起别人的共鸣？是追热点、煽动情绪、讲故事，还是抖机灵？

• 怎样才能传递价值？看美女是一种价值，可愉悦身心，所以你长得很好，照片就可以吸粉；好文章是一种价值，但要深入浅出，通俗易懂，那就要去提升写作技巧。

做什么事情不要光靠努力或是所谓的意志力，而是要找到方法和技巧，获得好的成果与反馈。这样，兴趣才能被激发，行为才能得以持续。

所以，时间管理的第一奥秘其实不在于管理时间，而在于激发动力，并且找到正确的方法使自己能够沉浸其中，从而完成任务并达成目标。其他的各种时间管理工具或 APP 更多的是起辅助作用，它们最大的作用是帮助你分清事情的主次，梳理事件的时间、逻辑和顺序。

时间自主权

时间管理的本质，其实是时间资源的合理分配。

可很多人的问题恰恰在于，时间是没法自由掌握和支配的。

• 本想周末专心看书学习，好朋友却叫你去逛街或 K 歌。
• 本想着报个培训班考个证书，结果公司天天加班，累得你回家就瘫软在床。
• 刚拟订一个工作计划，第一件事还没完成，不速之客就到访了。
• 刚准备写个方案，客户投诉又来了。

一天下来，一大半时间都被他人占据了，真正可以自由支配的时间所剩无几。

怎样来解决这个问题呢？

一、减少任务事项

这方面科技界的两位大佬堪称表率：一位是 Facebook 创始人扎克伯格，另一位是苹果的创始人乔布斯。

扎克伯格每天都穿同样款式的衣服，因为他觉得每天都有很多比着装更重要的事情去做，所以没必要在穿衣服这件事情上浪费时间；乔布斯基本上也是黑色 T 恤加深色牛仔裤，理由是一样的。

我们不会像他们那样极端，但很有必要反思一下，我们的时间究竟是如何安排的。可以记录下最近每天你都做了些什么，其中哪些是可有可无的。

常见的低价值高消耗的事情包括以下几点。

- 看电视剧，尤其是肥皂剧。
- 频繁地刷微博、朋友圈或头条。
- 因为某些社会热点，在网上与别人无谓地争执。
- 漫无目的的社交、无意义的聚会。
- 追星，娱乐八卦。

把过往的时间安排记录下来，而后进行分析和优化安排，这更加有利于我们充分利用时间，提升效率。比如，有一段时间，学霸马冬晗的时间记录表在网上流传，她把一天 24 小时分为 13 块，每一块都有对应的明确任务。有人学习了她的时间记录表后，发现自己的效率有明显提升。

二、学会拒绝

我们的时间很容易被别人"偷窃"，这其实是因为我们不敢或不善于拒绝。

怎样才能更好地进行拒绝呢？

1. 学会自我坚定的沟通方式

有一个与拒绝相关的概念叫"自我坚定"——冷静而正面地坚持自己的观点，为自己抗争，坦诚、清晰而坚定地表达自己的观点、看法和感受，既不威胁他人，也不被动服从。

首先，我们必须在观念上认识到以下几点。

- 每个人都是平等的，每个人的利益都应当被考虑和照顾。
- 坦诚表达自己的观点和感受，同时要求对方考虑和照顾自己的利益。
- 除了必须履行的职责，我们对他人没有帮助的义务。

其次，态度一定要坚决，即便对方一再请求，也毫不犹豫地拒绝。

A 挺擅长做设计，B 请他帮忙，A 说："我最近有点忙。"
B 说："不会很麻烦的，要不了多少时间。"
A 拗不过，只好帮忙，结果发现其实相当麻烦，花了他好几天的时间。

如果 A 能够明确拒绝："抱歉啊，我最近很忙，事情也多，而且都挺费事的，没法帮你了。"那么，就不会有后面的麻烦了。

2. 提出建议或解决方案

针对对方的请求，提出对方没法拒绝的建议或者解决方案。

A 挺擅长做设计，B 请他帮忙，A 说："我最近有点忙。"
B 说："不会很麻烦的，用不了多长时间。"

A说:"这个还是有点复杂,我最近也忙,没法帮你了,不过我有个朋友专门做这块儿的,收费也很便宜,我推荐给你吧。"

很多人担心这样会不会没有朋友,在职场上寸步难行。

告诉你一个残酷的真相吧!

美国康奈尔大学劳资关系学院的一项调查,分析了职场人员的"随和度"特征后发现:<u>性格随和的员工的薪酬比"带刺儿"的员工低18%</u>!

不少人有个误解,老觉得做个老好人才能在职场中混得好。

可实际上,宜人性太低固然会招致很多人的反对和敌意,但宜人性太高也未必是好事,因为那从另一个层面说明——<u>你这个人太没立场,真的很好摆布</u>。越是往上走,就越会涉及各种复杂的利益和争斗,如果你没有主见,凡事任人摆布,自然是走不远的。

所以,不用担心拒绝别人会导致自己寸步难行,要敢于且善于拒绝别人,减少他们对自己时间的消耗。

三、任务分析,合理规划

时间管理的真正精髓其实不在于规划和管理时间,而在于对不同的任务与活动进行分类与规划。

如表4-5所示,我们可以对自己从事不同活动的时间进行分类[*]:

---

[*] 核心观点援引自知乎用户"朝露"。

表 4-5　时间的类型划分

消费性时间 换取生活所需 的时间	投资性时间 投资那些能给我们带来长远价值 的活动的时间
损耗性时间 花费在意义不大却 又不得不去做的活动的时间	享乐性时间 从事给我们带来即时身心愉悦 的活动的时间

- **消费性时间**：换取生活所需的时间。
- **投资性时间**：投资那些能给我们带来长远价值的活动的时间。
- **损耗性时间**：花费在意义不大却又不得不去做的活动的时间。
- **享乐性时间**：从事给我们带来即时身心愉悦的活动的时间。

我们再把一些具体的事项填充进去就更直观了，如表 4-6 所示：

表 4-6　不同类型时间范例

消费性时间 处理工作事务，下班买菜做饭， 陪客户娱乐	投资性时间 健身锻炼，读书写作， 培训学习
损耗性时间 交通堵塞，无效的社交与聚会， 约会迟到的等候	享乐性时间 玩游戏看泡沫剧，和朋友开心 K 歌， 与朋友逛街

这样一来，时间管理就变成了任务分析与待办事项管理。而时间管理的奥秘，其实就在于时间的分配。

我们把时间投入不同的象限里，就会有不同的收益。

- **投入消费性时间**：意味着我们要花费大量的时间来应对外界的琐事，会有很多忙不完的工作做不完的事，当然，我们会得到相应的补偿和报酬。

- **投入损耗性时间**：意味着我们在做一些没有价值的事情，比如上下班交通、约会等人的时间，短期和长期收益都无法获得，但似乎也没法彻底回避。
- **投入享乐性时间**：能够获得即时的瞬间收益，但过度享受会让我们沉沦于此，甚至上瘾，变得越发懒散堕落，而且会让我们未来的时间慢慢贬值。
- **投入投资性时间**：能够给我们带来长期的收益和价值，让未来的时间增值，但是回报周期较长，当前很可能没法立即见效，而且往往需要耗费很多脑力。

四种时间是一种组合，我们可以以一天 16 小时计算（除了 8 小时睡眠）计算自己分配在这些时间上的比例。

如图 4-5 所示，大多数人在消费性时间上就占据了一半多，享乐性时间又占据了四分之一，还有 15% 的时间则被各种事情损耗了，真正帮助自己未来增值的投资性时间估计最多只有 5%。

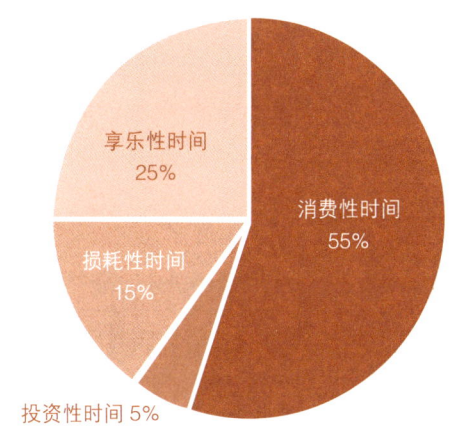

图 4-5　大多数人的时间分配比例

这也是很多人"数十年如一日",辛劳一生还处在社会底层,过着捉襟见肘的生活的重要原因之一。因为他们往往都不注重投资性时间,只注重消费性时间和享受性时间,只做眼前重要和紧急的事。

凡事有因必有果,一个人现在处于什么样的位置,有怎样的生活或状态,是由他过去时间里的活动与决策所造成的。反之,一个人现在从事什么样的活动又会决定将来他处于什么样的位置,以及有怎样的生活和状态。

如果我们能达到下面这个图的分配方式或者更好,也就是说,每天投入25%的投资性时间(约4小时)以上,我们未来的时间就可以得到增值。

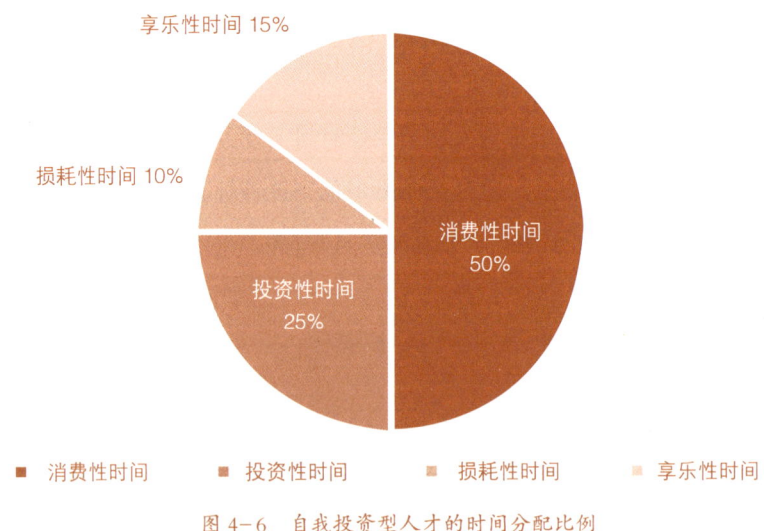

图 4-6 自我投资型人才的时间分配比例

如图 4-6 所示,我们稍微控制一下消费性时间和损耗性时间,比一般人分别降低 5 个百分点。同时,在人生早期大幅增加投资性时间占比,力图达到 25% 或更多,享乐性时间降低 10 个百分点。那么,随着未来我们时间的不断增值,我们只需要花费少部分的"消费性时间"就可以获得更多的收益。这样，我们就会有更多的时间来投入"投资性时间"和"享乐性时间"，最终就会慢慢进入时间管理的良性循环。

这才是时间管理的真正秘诀！

水至清则无鱼，人自荐则无敌
—— 主动结识关键人物，根据对方需求展示自身长处

好的位置或机会是人人都想要的，竞争必然是相当激烈的。

我们从小到大，中考、高考、找工作……一路走来，哪一次没有面对激烈的竞争？空口无凭，用数据来证明，近年来全国重点大学在各省的录取率，如表4-7所示：

表4-7　2017年各省重点大学录取率（部分）

排名	省份	高考人数（万）	985录取率	211录取率
1	天津	5.70	5.81%	12.68%
2	上海	5.00	5.33%	13.58%
3	北京	6.06	4.29%	13.99%
4	吉林	14.29	3.56%	8.93%
29	贵州	41.19	1.19%	5.17%
30	河南	86.58	1.14%	4.14%
31	安徽	49.90	1.10%	4.10%

好不容易高考完了，几年之后就业压力又来了。

图 4-7　2004—2018 年全国高校毕业生人数

大学生每年都在增长，就业率虽然居高不下，但就业率不等于就业质量，现在找工作相对简单，找好工作却没那么简单。

毕业后进入职场，又有了新的变化：学校有统一考试和评判标准，踏踏实实学习考试拿高分就行，成绩好老师就会喜欢，可职场未必，黄牛和技术骨干是很难飞黄腾达的！

求职的时候虽然有笔试，可不是每个公司都有或者笔试内容都一样吧。职场晋升的时候虽然也有相应的指标，可这个指标的操作弹性相当大。也就是说，出了校园之后，人的因素变得相对重要了，尤其是一些关键人物，获得这些人的青睐与支持，有助于你更好地脱颖而出或发展！

因此，自荐能力变得非常重要。

具体来说，要把握三点。

一、有自荐的意识和行动

倘若你"会自荐"，有这个意识和行动，你就先人一步了。和同等条件的人相比，你的机会大大增加。因为这个世界，大多数人都在被动中等待，在迷茫中徘徊，却没想着踏出第一步。

害怕失败，害怕被拒绝，害怕丢脸，到最后害怕去尝试和突破，以致陷入死循环……

可是你有什么好怕的呢？你什么都没有，失败了又能怎样，被拒绝又有什么丢脸的呢？

没有这个意识，自我设限，不敢踏出第一步，那就真的是任谁也没有办法了。

二、找到对的人

什么样的人才算是对的人呢？

对你想做的事、实现的目标能起作用的人。

什么样的人能发挥作用呢？

有两类：决策者与信息中介。

决策者就是对某件事进行决策的人。比如，求职时的 HR 和直接主管，晋升时的直接领导和最终决策领导。

能直接接触到决策者，肯定是最好的了。不行的话就只能从他身边的人找起了。

如图 4-8 所示：

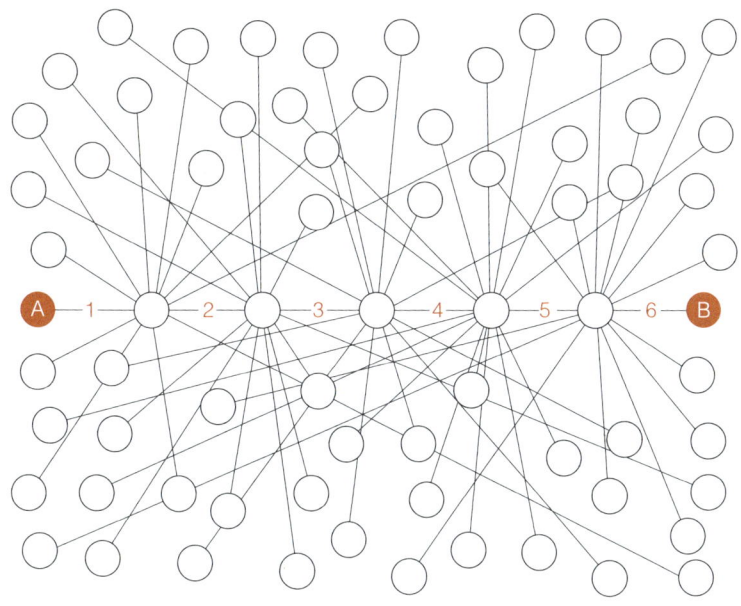

图 4-8　六度人脉网络图

如果有众多的关联人，从何入手呢？

如图 4-8 所示，假设你是 A，你的目标对象是 B，怎么办最有效？

逆向思考：从对决策者影响最大的人开始，假设为 D，再思考对 D 影响最大、最容易接近的人，假设为 C，以此类推，直到找到一个你最接近、最能影响的人为止。这个链条越短越好，但必须保证不掉链，否则可能脱钩或无效。

问题又来了，现实中并没有谁给你画出这么一张人际关系网络图，你不知道这些需要找的人具体是哪个。

所以，该有的弱关系还是要有，该进的圈子还是得进……别等到用时方恨少，一些居于网络中心的人你能建立联系的话最好建立联系。

那意思是让你天天去混圈子，交换名片？

当然不是！

交易双方一定是价值基本对等的，你什么都不是，什么都没有，别人自然不愿意带你进圈子，所以还是要自我提升，但也千万不要厌恶或抵制这类的人际交往。

年龄越大，越到职业发展的后期，关系所发挥的作用相应也越大。不过，几乎在任何时间段，能力和关系都会同时起作用，任何一方都不会为零。

三、用对的方式和方法

前面两步其实不难，难的在这里——用对的方式和方法。

只要和人打交道，要与人建立联系，最根本的一条一定是换位思考，需求倒推。

我以两个案例来说明。

1. 求职简历

其实，简历就是一个典型的自我推荐。但不少人的简历是这样的，如图 4-9 所示。

HR 的工作量还是挺大的，尤其是知名企业或是好的单位，经常收到几十甚至上百份简历，他们花在简历筛选上的时间是不会太多的。

他们的利益点是什么？

第一，尽可能准确地筛选；第二，尽可能快速地筛选。

怎样才能准确？

以终为始：以目标岗位需求这个终点作为起点来分析。

这个需求会在哪里体现？

答案是：在招聘职位工作描述里。

所以，我们的简历应当对照应聘岗位的工作描述，并据此进行梳理和优化提炼。

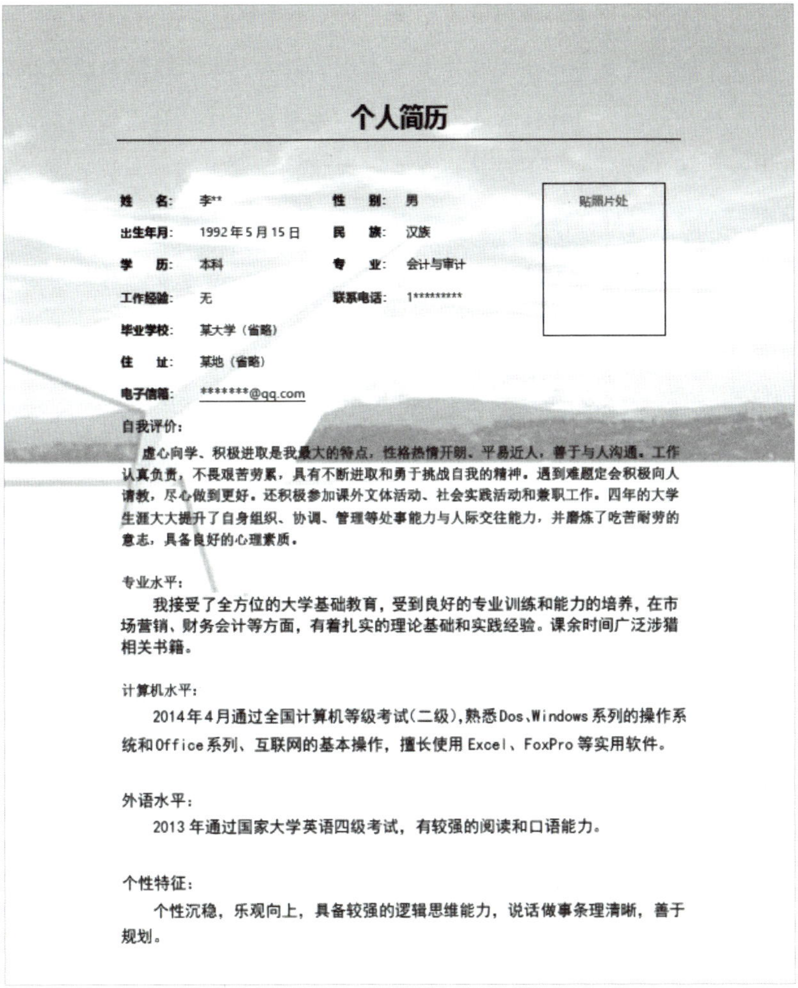

个人简历

姓　　名：	李**	性　　别：	男
出生年月：	1992年5月15日	民　　族：	汉族
学　　历：	本科	专　　业：	会计与审计
工作经验：	无	联系电话：	1*********
毕业学校：	某大学（省略）		
住　　址：	某地（省略）		
电子信箱：	*******@qq.com		

贴照片处

自我评价：

虚心向学、积极进取是我最大的特点，性格热情开朗、平易近人，善于与人沟通。工作认真负责，不畏艰苦劳累，具有不断进取和勇于挑战自我的精神。遇到难题定会积极向人请教，尽心做到更好。还积极参加课外文体活动、社会实践活动和兼职工作。四年的大学生涯大大提升了自身组织、协调、管理等处事能力与人际交往能力，并磨炼了吃苦耐劳的意志，具备良好的心理素质。

专业水平：

我接受了全方位的大学基础教育，受到良好的专业训练和能力的培养，在市场营销、财务会计等方面，有着扎实的理论基础和实践经验。课余时间广泛涉猎相关书籍。

计算机水平：

2014年4月通过全国计算机等级考试(二级),熟悉Dos、Windows系列的操作系统和Office系列、互联网的基本操作，擅长使用Excel、FoxPro等实用软件。

外语水平：

2013年通过国家大学英语四级考试，有较强的阅读和口语能力。

个性特征：

个性沉稳，乐观向上，具备较强的逻辑思维能力，说话做事条理清晰，善于规划。

图4-9　不懂得自我推荐的简历

2. 职场晋升

以我的亲身经历为例。

我毕业后在某独立院校工作了两年，当时有一个教研室主任的职位需要公开竞聘。虽然我资历是最浅的，年龄是最小的，但最后我还是竞聘上了。其中一个重要原因是有副院长的鼎力支持。

这个副院长是一个讲究实干且富有创新精神的人，通过学院老师群我加了他的QQ，同时经常在空间里发一些专业文章并对这些专业文章发表自己的见解，有一次他还转载了。很多同事遇见领导都躲着走，我虽然不会刻意讨好，但有机会我还是愿意和领导一起坐坐、聊聊。于是，有几次机会我和他聊起来了，聊了很多，有教学、有专业、有理念和创新项目。

聊得还比较好，关系也还算不错。所以，后来的竞聘，尽管我年龄小，资历浅，但我和他一说他就表示大力支持。再加上我准备周全，最后竞聘成功了。

这当然不是什么了不起的事，但这次经历确实充分反映了自我推荐的作用。

设想我不去主动结识关键人物，不去根据对方的需求和特点恰如其分地展示自己的优点和长处，恐怕结果未必能如愿。

自我推荐是在合适的时机用恰如其分的方式把自己的优点和长处充分展现给关键人。所以你一定要积极主动地进行换位思考，要考虑对方的特点和利益需求，这不是厚黑，而是一种智慧。当然，君子有所为有所不为，有些时候你需要取舍。

但至少，你不能自我设限，停滞不前，或是自我封闭，独自待在一个狭小的角落里。

第五章 抢占先机 ▶ 打造独特的个人品牌

有的人工作了10年,其实不过是1年的经验用了10年,也有的人三五年之后就开始崭露头角。这是因为,经验的背后是一个人不断的反思与沉淀。

那么,职业生涯该如何实现突围,从专业或技术走向管理,又该如何利用互联网和新媒体,实现弯道超车,以成倍的速度来自我提升呢?

自我突破

成为管理者,是有路可循的
——提升管理技能,认识客观世界的运作法则

我收到一位粉丝的咨询:

老公工作9年了,一直都从事技术工作,本人非常努力,很少请假,工作能力也不错,从业务或专业技术的角度讲,胜任主管职位是没有问题的。但这几年换了好几个主管,都没有他的份儿,即便中间没有主管的时候他实际上做的就是主管的事,但公司领导宁愿要空降兵也不让他升为主管。

现实中也有很多类似的例子,他们只会低头看路,埋头干活,却总是很难突破"瓶颈"。虽说成为管理者并不是唯一的出路,也未必就适合每一个人,但是,有可能的话还是要想方设法去尝试和突破。

因为成为管理者往往意味着更多的权力和资源。当然,也需要承担更多的职责,以及随之而来的要求和挑战。

其实,成为管理者也是有路可循的。

认识客观世界的运作法则

要成为管理者，必须首先看清客观现实，认清其逻辑和规律。

一、知识和技术不是唯一重要的，甚至不是最重要的

很多人深信自己如果工作出色、技术超群就一定能获得晋升或成功。然而，业绩或技术固然重要，但它并非实现成功的充分条件，你必须让其他人注意到你的卓越表现。这就要求你能够适度进行自我推销，并建立自己的声望。你要让权力的拥有者清楚地了解到，你的工作能够给他们带来什么好处或者帮助。因为大多数人会首先考虑自身的利益和需求。（参考书：《权力：为什么只为某些人所拥有》）

曾经担任五代宰相，效力于数位皇帝的冯道就深谙权力之道，在他的《权经》一书中，就一针见血地指出，"携为上，功次之；揣为上，事次之；权乃人授，授为大焉"。

可见，能得到上面的人的提拔才是最根本的，技术、能力，甚至绩效都是次要的；能够揣摩上司的心理，满足他的需求和利益才是最重要的。

二、权力是"争"来的，而不是"等"来的

《权经》中，冯道还提到，"权乃利也，不争弗占"。

你必须自己主动去争取权力，而不能等着别人来给你。

你可能拥有了与工作相关的技能，也有还不错的人际关系，但如果你不愿主动去争取权力，那就很可能在角落里停滞不前了。

我们必须认识到这个客观事实和规律，主动去争取，而非一厢情愿或是干坐着祈祷与等待。

三、不但能"做",还要会"说"

埋头苦干、扎扎实实做好事情,是需要的,但要成为一个管理者的话,不但要能做,还要会说——在沟通和人际方面也要有尽可能好的表现。

与同事的沟通和协作自不必说,与上司的沟通和关系结盟恐怕尤为关键。积极沟通,增加自己在关键人物中的"曝光率",主动与他们建立联系,同时结合对方的需求和特点,来展现自己。

社会关系在任何地方都很重要,而人与人之间的关系在中国社会尤其重要。因此,建立高效率和高效能的社会网络和关系,让这些资源为你提供信息和支持,会成为你职业生涯成功的重要助力。

四、人是可以改变的,管理能力可以后天培养和提升

你必须相信人是可以改变的,你才有动力去提升自己,并且去影响他人。

很多人对自己没有信心,总是自我怀疑,觉得自己性格内向,不擅长沟通和人际交往,不具备管理的资质和能力,没法成为一个管理者或领导者。

但实际上,管理能力是可以后天培养和提升的,我们可以通过学习管理知识和技巧,并且不断练习来加以提升与改进。

当然,在此之前,首先要有管理意识和角色的转变。

在成为管理者的路上,首先要做的就是实现角色、意识和理念的转变:做管理不是一个人单打独斗、冲锋陷阵,而是如何吸引、凝聚、激励团队和其他人来共同完成目标和使命。

学习管理知识，提升管理技巧

管理者的工作，无非是两个方面：做事和为人。

"做事"主要涉及我们对团队任务的规划与控制，"为人"则是我们对于人员的选拔、培育、激励和使用。当然，这二者本身也是相互关联的，这里为了更好地引导大家对管理的职能形成系统清晰的认知，我对管理进行了职能划分并列了一个系统框架。

• **角色与认知**：树立管理的意识，实现管理角色的转变，主动积极地去带领其他人完成任务、达成目标。

• **事情与任务**：对任务进行分析与规划，督促其他成员贯彻执行并监督控制整个过程和结果。

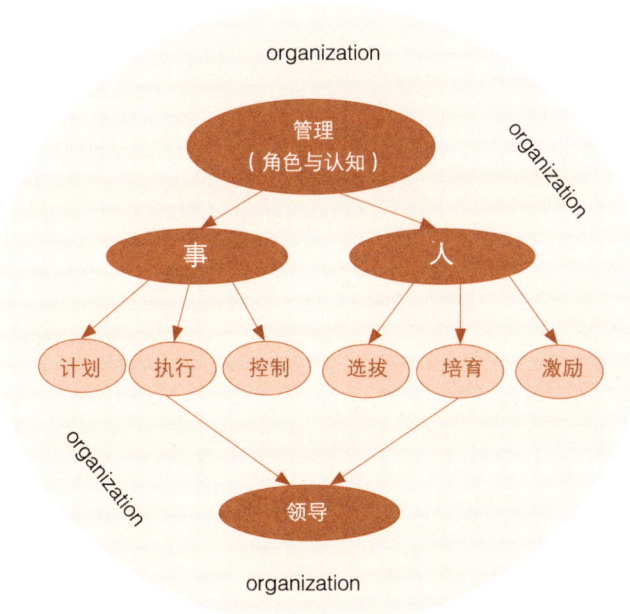

图 5-1 管理的体系与框架

- **人员与团队**：从团队成员选拔、培育、激励和使用等各个方面入手，打造一支优秀的团队。
- **领导与整合**：实现"人"和"事"的统筹与综合，带领团队成员共同实现目标并尽可能满足成员的需求。

不同行业、组织和岗位面临的具体任务是不同的，但是，任何一个行业、组织和岗位都离不开对于人的管理与开发。后文我们将分别从人才的选拔、培育、沟通协调与激励和领导等方面入手，系统讲解人力资源管理的知识和技巧，帮助读者成为一名合格乃至优秀的管理者。

与其教一只火鸡爬树,不如找一只松鼠
—— 人才选拔的核心,是去看人的深层次特质

有这么一句谚语:"与其教一只火鸡爬树,不如找一只松鼠。"

这句话用到人才招聘和选拔上真是再贴切不过了。招来一个不合格或者不符合要求的人,培养起来不但费时费力,还往往难以奏效。因为人的某些深层次特质确实难以通过后天培训来加以改变;反之,找到一个对的人,可能一下就事半功倍了,根本不需要你耗费太多时间和心力。

但是,"火鸡"固然令你懊恼,"黄鼠狼"则可能让你悔恨不已。因为前者只是"成事不足",能力低下,后者却是"败事有余",品德低劣。

如何来更精准有效地对他们进行甄别和评判呢?

个体内在的人力资源,我们可以把它划分成两大类:一类是知识和技能;另一类则是潜力和潜能。

知识和技能是相对容易评估的,且比较容易通过培训加以改变和提升;潜力和潜能虽然可以改变,但确实会难很多,需要选拔、测评和教练来提升。

所以，人才评估选拔真正的难点恰恰在于对其动机、性格和特质等潜力的评估与判断。

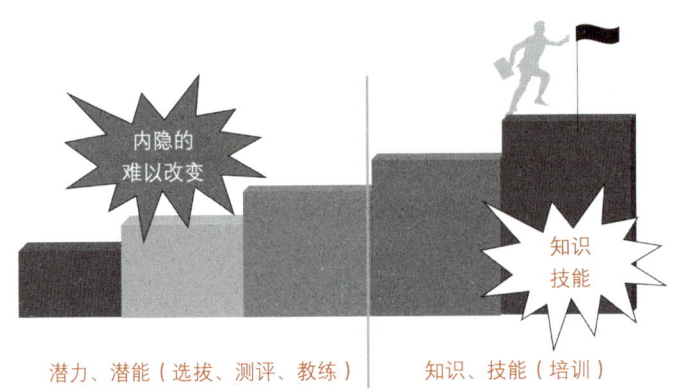

图 5-2　个体内在的人力资源

潜力是什么东西？包含哪些要素呢？

如图 5-3 所示：

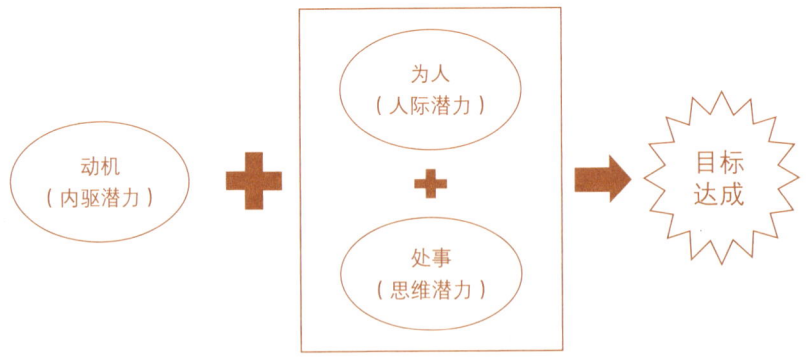

图 5-3　高潜力人才关键特征逻辑图

高潜力人才的核心特征，是指能够帮助他们在将来取得卓越成就的关键因素，这些因素应当是相对稳定且不容易被培养和改变的。

追根溯源，若想取得某项事情的成功，无非是两个条件：一是想去做；二是能够把它做好。我们要能够做好某件事情，无外乎"为人"和"处事"两个方面，"为人"涉及人际潜力，"处事"则与思维潜力有很大的关联。

具体来说，主要包含以下要素：1. 动力；2. 思维；3. 人际。（参考第171页图4-2高潜力人才素质模型）

一、动力潜力

动力是一个人的内在驱动力，涉及行为的发端和持续，是非常关键却又难以改变的。这里提炼出三个因素，分别是责任意识、成就动机和权力动机。

1. 责任意识

责任意识，指的是遵守规范、承担责任和履行义务的自觉态度。

表5-1 责任意识的行为锚定等级

级别	行为描述
-1	逃避必要的工作
0	只做一般性必要的工作
1	完成规定内的工作
2	完成超出工作说明书规定的工作
3	承担远超过要求的工作

如表 5-1 所示，如果招人的话，我们希望找到"2"这个级别的，至少是"1"这个级别的，"3"不奢求，"-1"则是坚决抵制的，"0"一般也不考虑。

2. 成就动机

成就动机是一种以高标准要求自己力求取得活动成功为目标的动机，高成就需要者主要有三个特点。

- 喜欢有挑战性的目标。努力了不一定成功，可不努力会让自己很惶恐。
- 不依赖偶然机会，喜欢通过自己的努力解决问题。高成就需要者一般不喜欢寄托于运气，或者冒太大的风险。
- 渴望及时反馈，能比较快地看到自己努力后实现的效果。

真正优秀的人在内驱力方面都是非常强的，他们的关键特征或行为往往包含了主动性、高目标、坚持不懈和持续改进。

- **主动性**：不用别人督促，自我激励。
- **高目标**：愿意接受有挑战性的工作任务，而不是自己限制自己。
- **坚持不懈**：遇到困难不轻易放弃，积极尝试，努力付出。
- **持续改进**：对工作质量精益求精，不断想方设法优化流程和方法。比如学习时，你是只想着考试通过就行，还是真正钻进去不断提升改进？

那么，怎么来对别人进行评判呢？

其实也不难，以简历为例，很多东西都可以看出来。

- 整体外观不行，乱七八糟，错别字连篇，说明他责任心和成就动机弱。

• 教育背景好的，肯定会有优势。当然，并不是毕业于一般大学的就一定不行，这就得看他的成绩和实习情况了，如果这些方面很不错，也可以进一步考查，这个就需要进一步面谈来评估了。

谈什么呢？兴趣焦点、目标定位、时间安排、过往业绩。

• 聊聊他的兴趣爱好。如果他聊的都是娱乐明星八卦，那十有八九是成就动机弱的；喜欢思考、看书、学习的，一般成就动机还是比较强的。
• 聊聊他的目标、理念和追求，这个虽然会变化，但还是有一定的稳定性的。
• 看看他的时间安排，一天的时间都花在哪儿了。看电视、追娱乐八卦、小道消息，还是学习、工作？
• 最后，看看他过往的业绩，参加了哪些活动，做了哪些事情，取得了什么成就，其中有哪些困难，是怎么来应对的，等等。

3. 权力动机

权力动机，我们可以简单理解为试图影响他人和改变环境的内驱力。

权力动机强的人，主动影响、控制或引导他人却不愿也不容易被他人主导和控制；权力动机弱的人则不愿强求他人，不愿与他人产生权力之争，所以，他们带领的团队规范化程度可能偏低，做事效率也不高。

我们同样可以通过行为锚定等级法来对权力动机进行评定，如表5-2所示：

表 5-2　权力动机的行为锚定等级

级别	行为描述
-1	个人化的权力，争权夺利无所不用其极
0	不发号施令，没有表现出影响或劝导他人的意图
1	表现出权力意图但未采取相应的行动
2	采取单一行动进行劝导
3	采取多个步骤的行动施加影响
4	采取复杂的、经过策划的影响策略

权力动机不一定是坏事，适度的权力动机对个人的晋升和组织的发展都有好处，但是个人化的权力会给组织和他人带来伤害。

怎样来评判一个人的权力动机呢，看他的管理和领导经历。

- 有没有相关经历。
- **什么样的相关经历**：这个相关经历不仅仅是领导职务，只要是带领一个团队或组织都算，包括非正式的，如一次调研、一项活动等。
- **所思所想、所作所为**：重在了解他在领导和管理过程中面临哪些问题，他是怎么想的，怎么做的，从中看他的言行和思想。
- **结果**：从两个方面来衡量，一个是团队氛围，另一个是团队业绩和成果。

二、思维潜力

我们可以从五个方面来评估思维潜力，这五个方面分别是好奇心、快速反应、洞察力、精细推理和创新思维。

为什么是这五个方面呢，这其中也是有逻辑的，如图 5-4 所示：

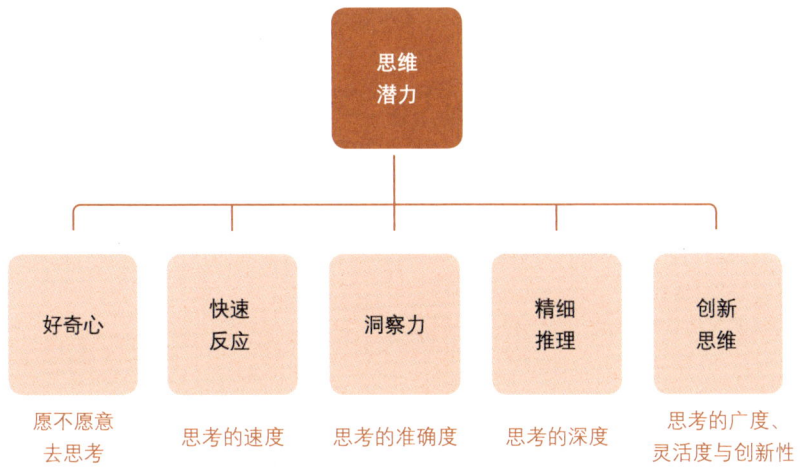

图 5-4　思维潜力的评估指标

- 好奇心其实就是愿不愿意思考，如果一个人根本就不愿意思考，那思维潜力肯定高不到哪儿去。
- 快速反应涉及我们思考时的速度，同样一个问题，有些人半天反应不过来，有些人十几分钟甚至几分钟就能想个大概。
- 洞察力是思考的准确度，你想了那么多，但都是瞎想，把握不住要点和关键，那有什么用呢？
- 精细推理则是我们思考的深度，到底有多深，多细致。
- 创新思维，就和我们思考的广度、灵活度和创新性有关了。

针对每一个维度可以进一步细化，如表 5-3 所示：

表 5-3 思维潜力的评估标准

维度	评估标准
好奇心 （愿不愿意思考）	喜欢接触新鲜事物或新的挑战 喜欢抽象的概念或分析事物背后的原因 勇于尝试新方法、新思路
快速反应 （思考的速度）	快速学习与了解新的或复杂的事情 能较快地进行逻辑分析与推理
洞察力 （思考的准确度）	喜欢探究事物的根本原因而不是浅尝辄止 进行准确的分析、界定与判断 善于提炼和总结新的经验
精细推理 （思考的深度）	善于反思和质疑，不论是对自己还是他人 有钻研精神且会花时间和精力进行深入分析
创新思维 （思考的广度、 灵活度与创新性）	思维发散而不固化 知识面广，善于多角度思考与分析 抗挫折，不断尝试

对于一个人思维的考查和评估，我们可以借助测试或问答来进行。其实公务员笔试和很多大企业的笔试就属于这种，包括言语理解、数字运算和逻辑推理等。

我们也可以通过问一些思维性的问题来评估，如下面一些问题。

- 通用性问题：

1. 你觉得智商重要还是情商重要？
2. 你觉得人脉重要还是学习重要？

- 专业性问题：

1. 怎样才能有效地进行人才选拔？
2. 绩效体系怎样才能搭建完善？
3. 企业人才培养为什么很难见效？

三、人际潜力

什么样的人比较容易被人认可、尊重，让别人心甘情愿地接受他的领导呢？

答案是有清晰的自我认知，善于站在对方的角度考虑问题，能够感知他人的情绪和想法，为人处世稳重且富有影响力的人。

人和人的关系，最根本的一条就是适度利他——尊重和照顾他人利益。只有这样，才能换取别人的认可与合作，这是人际关系的"内核"。

仅有这个还不够，有些人本身挺好的，但经常让人感到很烦，为什么呢？

因为没有同理心，不懂换位思考，什么时候该说什么话都搞不懂，让人郁闷。

另外，能比较好地控制自己的情绪、应对压力，也很重要。

最后，你和别人相处的时候，能否说服、影响他人，既团结又鼓励，这可是领导力需要具备的非常重要的因素啊！

图 5-5　人际潜力的关键指标

1. 利他

利他，指的是给予他人方便和利益，我们可以对它进行分级，如表 5-4 所示：

表 5-4 利他行为锚定等级表

级别	利他行为的级别描述
-1	损人不利己
0	冷漠,不关心他人
1	稍微关心别人
2	主动付出
3	个人奉献
4	投入极大的精力奉献他人与社会

按理说,我们肯定希望找一个利他程度高的人,但是,一定要理性认识"自利"和利他。

因为正常人都有保护自己的利益之心,能够在照顾自己利益的同时关心和考虑别人的利益就足够了,切不可有过高的奢望和要求;否则,反倒可能被蒙蔽,使得伪善和狡诈之徒乘虚而入。

2. 同理心

同理心是人际沟通的基础。不同的人在人际敏感上和对他人的倾听与理解上的表现是不一样的,具体如表 5-5 所示:

表 5-5 同理心的行为锚定等级表

级别	同理心的级别描述
-1	以自我为中心,经常冒犯他人
0	不关心他人感受和利益
1	倾听,耐心理解
2	有回应地倾听
3	采取行动提供协助

一般来说，滔滔不绝、随意打断别人、没有耐心倾听和用心理解的人，多半同理心不足，这种人也很难真正和其他人建立良好的人际关系。

3. 情绪稳定性

情绪越稳定越好，一个频繁冲动却又经受不住压力的人的确很难在竞争激烈的职场中脱颖而出。

我们可以利用压力问题将应聘者置于一个充满压力的情境中，观察他的反应，以对其情绪稳定性、应变能力等进行考查。压力问题的设计往往会遵循一定的"套路"：诱敌深入、制造陷阱、发现矛盾、攻其不备。

举一个简单的例子（不断追问细节）。

"你一般在业余时间都做什么？"

"看书，看电影，运动。"

"最近在看什么书？"

"管理方面的书。"

"书名叫什么？"

"《高效能人士的七个习惯》。"

"这本书的作者是谁？哪个出版社出版的？"

表 5-6　情绪稳定性的行为锚定等级表

级别	情绪稳定性的级别描述
-1	很容易就情绪失控
0	避免压力和诱惑
1	反应冷静

续表

级别	情绪稳定性的级别描述
2	有效管理压力
3	让别人也冷静下来

还有些是对应聘者提出质疑和否定，甚至故意找碴儿，典型的问题如下。

- 我觉得你不能胜任这份工作，你自己觉得呢？
- 你周围的朋友发展得都挺优秀的，而你现在还在找工作，对此你怎么看？
- 你要的薪酬太高了，我觉得不符合你现有的能力和经验。

4.影响力

影响力，指的是对别人施加影响的能力。我们也可以对它进行分级，并进行描述界定，如表5-7所示：

表5-7 影响力的行为锚定等级表

级别	影响力的级别描述
-1	一味地顺从别人，不敢表达自己的看法、意见和需求
0	从不发号施令，故意回避要求别人
1	给出指示并监督
2	应用奖惩和管制影响与要求他人
3	面对冲突，解雇绩效不佳者

实际上，在职场中，回避人际冲突，害怕面对冲突，太在乎别人，没有控制欲的人很多情况下是当不了好领导的，他们带领的团队往往也是规范化程度和效率都比较低的。

以上就是高潜力人才的关键特征，小结一下。

动力（内在驱动力）包括责任意识、成就动机和权力动机；思维（思维潜力）包括好奇心、快速反应、洞察力、精细推理和创新思维；人际（人际潜力）则主要包括利他、同理心、情绪稳定性和影响力。如表5-8所示：

表5-8 个体潜力的评估指标

项目	要素	内容
内在驱动力	责任意识	尽职尽责，完成本职工作
	成就动机	个体在完成某种任务时力图取得成功的动机
	权力动机	超越个人，关注团队和组织的成功
思维潜力	好奇心	对新事物、新问题态度积极，且敢于冒险
	快速反应	思维敏捷，能够快速学习和掌握新事物
	洞察力	洞察问题背后的原因和规律的能力
	精细推理	善于对问题进行反思和质疑，应对和处理模糊或不确定的信息
	创新思维	思维灵活，超越正常思考问题的边界，给出创新提议
人际潜力	利他	考虑和照顾别人的利益，平衡自利与利他
	同理心	善于换位思考，能站在他人角度理解他人情绪和意图，心胸开放
	情绪稳定性	善于控制情绪、应对压力
	影响力	影响、说服他人的意愿强度和采取行动的倾向

如果一个人有强烈的成就动机，追求卓越，那就算得上是人才了；如果他不但有较强的成就动机，还有不错的思维力，那算得上是将才了，能够在某一个领域独当一面；如果他还有较强的人际影响力，有魄力，有胸怀，能够凝聚人心，那就是帅才了，绝对是可遇不可求的。

　　用一句话来概括人才选拔的核心：与其教一只火鸡爬树，不如找一只松鼠。当然，切不可引来了黄鼠狼！

职场进阶

提升你的领导方法和艺术
——工作指导五步骤及有效授权的艺术

一个优秀的领导者应当利用技巧和行动对团队成员施加影响来指导和协调团队成员的活动,以达成团队目标。当然,同时也要尽可能照顾和满足成员的需要。

这也是领导过程中的两种行为:一种是工作行为;另一种是关系行为。

• **工作行为**:说明工作职责,讲清楚做什么、怎样做、何时做、在哪里做,以及谁来做,涵盖了目标设定、组织安排、时间规划及指导和控制等行为。

• **关系行为**:进行双向(或多向)沟通,倾听部属的心声、支持并鼓励他们所做的努力,然后协助他们解决问题和制定决策。

根据两种行为的不同表现又可以划分为四个象限。

这个理论在管理学上叫"情境领导理论"——根据不同的对象和情境采取不同的领导方式,如图5-6所示:

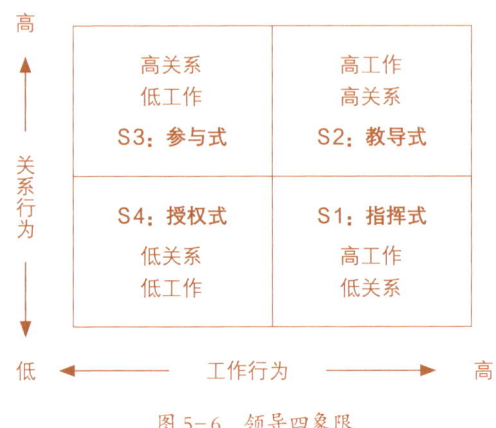

图 5-6 领导四象限

- **指挥式**：表现为高工作低关系型领导方式。领导者对下属进行分工并具体指点下属应当干什么、如何干、何时干，它强调直接指挥。
- **教导式**：表现为高工作高关系型领导方式。领导者既给下属以一定的指导，又注意保护和鼓励下属的积极性。
- **参与式**：表现为低工作高关系型领导方式。领导者与下属共同参与决策，领导者着重给下属以支持。
- **授权式**：表现为低工作低关系型领导方式。领导者几乎不加指点，由下属独立地开展工作，完成任务。

如何更好地施加影响呢？

主要有两个方面：一是部属的准备度，二是任务与环境情况。

一、部属的准备度

部属的准备度，即他在完成某项特定工作时所表现出来的能力和意愿的组合，能力主要涉及知识、技能和经验，意愿则主要考虑其动机、信心和承诺，如图 5-7 所示：

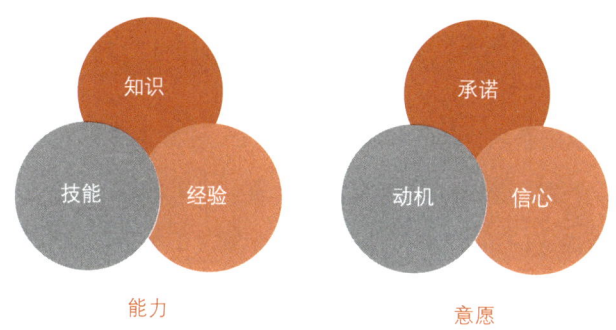

图 5-7 部属准备度的包含要素

根据部属准备度的不同采取相应的领导策略，如表 5-9 所示：

表 5-9 不同领导风格与员工发展层次

领导风格	特色	对应员工发展层次	领导行为
指挥式	领导者提供明确的指示并密切监督，直到部属完成工作任务	能力差，但富有工作热忱	组织、控制、监督
教导式	领导者不断指导并密切监督部属完成工作任务，同时也向他们说明决策内容，并提供建议，帮助他们不断改进	能力稍佳，缺乏敬业精神	指导与帮助
参与式	领导者协助、支持部属完成任务，并在制定决策过程中与他们共同分担责任	能力强，但工作热忱起伏不定	赞赏、倾听、协助
授权式	领导者将决策制定和解决问题的责任交由部属负责	能力很强，也非常敬业	把日常制定决策的责任交由部属

一个优秀的领导者应当关注下属的情况及变化，适时调整领导风格，帮助下属成长进步的同时也让他更好地为实现团队目标而努力。

二、任务与环境情况

除了部属准备度，任务和环境情况也是一个重大考虑因素。

对于一些时间紧急、事关重大的任务，决策的时间越短，越倾向于使用命令指挥式的领导风格，对于一些非紧急的任务，则可慢慢辅导员工让他能够独立完成，还有些任务则可以给予充分的授权。

对下属进行辅导和培训本应是领导的职责，但现实中很多人并没有这样做：有些是唯恐威胁到自己的地位，害怕"教会徒弟，饿死师父"；有些是没有时间教下属。但实际上，组织的晋升和提拔还是相对稳定的，只要领导自身资质能力没问题，基本不太可能被下属取代。至于没有时间，那就更应该抽空辅导下属了，因为只有培养了独当一面的小能手，才能真正减轻自己的负担，否则会恶性循环。

另外，一个真正优秀的领导者是会不断追求卓越的，下属在进步的同时自己也在提升。而人才培养，一方面这个过程本身就有利于提升自己的能力，另一方面培养出来的人才也可以壮大自身队伍的实力。

况且，如果下属足够优秀，即便你藏着掖着，下属也总有高飞的一天，那时候你去巴结他就来不及了。倘若之前能够提携和培养，即便有朝一日他另觅枝头或是超过自己，那也是有益而无害的。

上级如何协助员工成长呢？

可以从三个方面来进行。

- **工作中教导**：利用各种时机以及工作中的指导对其进行辅导。
- **工作外训练**：通过外部培训机构培训与训练，包括培训前的面谈与重视，培训中的支持与关心，培训后的引导与协助。
- **员工自我发展**：个体内在的发展动机是最根本的，作为领导者，可以分享自己的经验，帮助他进行职业生涯规划，以身作则带动学习气氛并给予下属必要的支持。

这里我们重点介绍工作中的辅导和教练。

好的绩效是知识、技巧和态度三者结合的产物。我们应从下属岗位内容与任职资格出发，确认其需要培养和提升的知识技巧，并潜移默化地影响他的态度。

对于一位新员工来说，初来乍到，一般都会有以下的期望。

- 希望对公司有所贡献，并发挥自己的价值。
- 希望知道有哪些他们应当知道和遵循的规章、制度与政策。
- 希望明晰工作的职责和考核指标与标准，知道自己要做什么以及做到什么样的程度。
- 希望知道可以获得哪些支持和帮助，又该向谁去寻求帮助。
- 希望被大家所认可和接纳，与伙伴们建立良好的人际关系。

好的开端是成功的起点，所以，主管应当在迎新的时候做好准备，对他们表示亲切的欢迎，介绍公司、工作、环境和同事，最好还能来一场小小的面谈。

在工作中，对于具体的任务，我们可以遵循工作指导的五个步骤，具体如表 5-10 所示：

表 5-10　工作指导法的具体步骤和注意事项

步骤	注意事项
步骤 1：说明——说给他听（目标、重点、步骤、关键）	激发其兴趣和动机，进行操作说明
步骤 2：示范——做给他看	边演练边讲解
步骤 3：演练——让他做做看	要有耐心
步骤 4：检核——看他做得怎么样	反馈、纠正、改进，反复持续
步骤 5：赞扬——鼓励一下	有进步就鼓励，考虑学习的成就感，建立自信

除了业务技巧的训练，管理或综合能力的训练也不可忽视，包括分析能力、判断能力、总结能力、组织能力和教练能力等。可以经常询问员工意见并听取其建议，欢迎员工提问，甚至让他挑战自己的想法，利用开会的时机让他多发言，并做好会议记录与总结，甚至待时机成熟时安排他做导师去教导其他新人。

1. 反馈的艺术

在辅导、教练的过程中，反馈是其中一个关键环节。

正面反馈可以让下属知道他的表现和贡献得到了认可，帮助其获得自信与成就感，还可以强化这种行为，让这种行为重复和继续；负面反馈（如批评等）则让部属认识到错误及其严重性，避免同样的问题再次发生，本质上也是为了让员工有更好的表现。

如果下属做错事了，不批评的话，错误的事情很可能会重复发生，甚至最后失控；但若错误批评，则可能会破坏人际关系，也使下属丧失信心和动力。

所以，批评必须具有建设性。具体来说，可以遵循以下原则。

- 迅速面对面、私下批评（除非屡教不改且情节严重，否则不应公开批评）。
- 指出具体事实，双方就犯错误的事实达成一致。
- 认真询问和倾听，给他申辩和解释的机会。
- 对事不对人，不要进行人身攻击，不要讽刺打击。
- 不要老翻旧账，不要公报私仇。
- 着眼未来，有补救或改进方案才是最关键的。
- 以肯定的方式结束批评，有激励、有期望。

2. 有效授权的艺术

授权是领导者非常重要的一项技能：一方面，它是一种重要的培育员工的方式，可以给下属以发挥空间，帮助其成长与发展；另一方面，也可以减轻领导者的负担，让自己专注于重点和关键工作，提高工作效率。

对于工作任务或事项，我们可以从重要性和紧迫性两个方面来进行衡量，如图5-8所示：

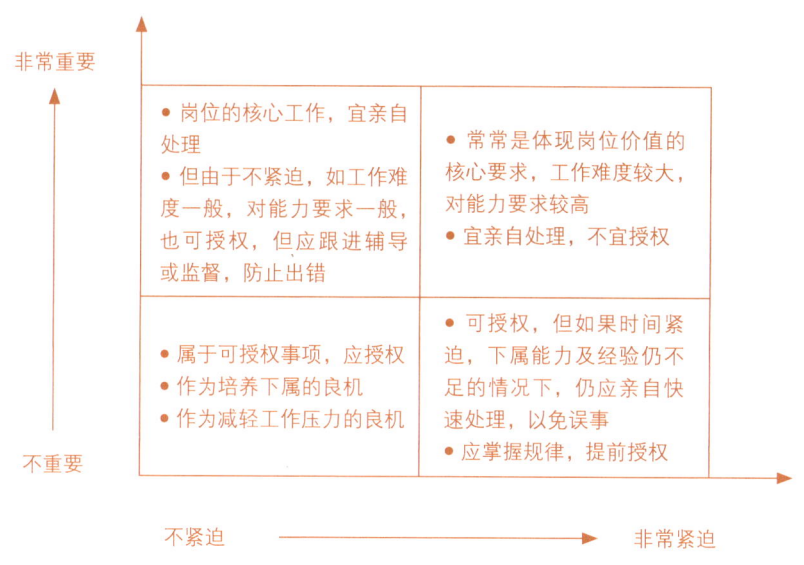

图5-8 有效授权的艺术

一般来说，对于不是很重要，或者风险较低的事情，可以授权下属去完成。当然，对于有些重要的任务，如果不是很紧急的话，也可以慢慢培养员工并授权他们去处理，不过要跟进和辅导监督，以防止发生意外。

事实上，除了领导者工作的核心或关键部分，其他工作都可以授权，尤其是下属同样能够做好甚至能更快做好或者成本更低的时候，最适合授权。

授权的时候，有些事项我们必须注意如下几方面。

- 除特殊状况外，交代事情只对下一级的直接部属，而不跨级指挥。
- 除非事先已协调达成共识或遇紧急事件，否则不指挥其他平行部门的员工。
- 接受上级越级指挥时，必须要及时报告直属上司，让他了解状况。
- 对员工进行任务分配时，建议多花点时间与之沟通，了解他们对工作的想法，同时让他了解工作的重要性和意义，想办法激发他们工作的动力。
- 交代部属工作时，尽量思考如何给予他更多的发挥空间，同时也要给予相应的支持和帮助。
- 下达指示时，着重要求目标的完成，对过程不要有太多的束缚或限制，否则就失去了授权的价值和意义。
- 授权并不是放任不管，同样需要跟踪监控与评估反馈。

最后，我们在工作中还可能会遇到一些"特殊"的下属，如恃才傲物的、依仗资历的、有背景的、闷葫芦老黄牛型的，以及挑剔、爱发牢骚的，和他们相处时还是要讲究一些方法和艺术的。

恃才傲物的人多半是有他的绝活的，他们比较自负，独立意识强，协作精神却不足，甚至不把领导放在眼里，无意中扮演了一个组织破坏者的角色。对于这种员工，我们可以尝试着和他平心静气地谈谈，做一做思想工作。不行的话可以有意地进行冷处理，或者用更难的工作或更具有挑战性的目标来激励他。不过，记得一条，要有一定的胸怀，给予他们自由但也要有底线。只要没有触犯底线，还是可以容忍的。

也有些依仗资历的员工或者"背后有人"的，这种人多数是能力不足，却又目中无人，难以与他人配合，偏偏他们在个人发展方面没有多大压力，心理状态还好于一般人，让人有种"死猪不怕开水烫"的感觉。对于这种人，可以采取若即若离的管理方式，对他们不要咄咄逼人，但也不要委曲迁就，尊重他们的同时又要维护自身权威，尽可能争取他们的支持，但实在没有办法的话就团结其他人来对抗他们。

至于闷葫芦老黄牛型的人，他们往往缺乏主见，性格较为懦弱甚至有些逆来顺受。对于这种人，还是应多关心，多肯定，让他们多些快乐和成就感。因为这种人是最容易赢得信赖、认可与支持的。

还有一种人更为典型，他们嫉妒贤能，喜欢背地里搞小动作，爱发牢骚甚至传播谣言，是团队气氛和士气的极大破坏者。为了应对这种人，领导者应努力创建良好的工作氛围，引入良性竞争机制，在绩效考核和奖励等方面做到公平、公正、公开。对于牢骚或谣言，也不要一味地压制，而是要去了解它们，必要的时候进行公开解答，甚至干脆来一个牢骚大会。

总而言之，成为一个优秀的领导者意味着不断地进行自我挑战和提升，同时给团队和他人赋能，借助并增强他人的力量，达成团队的目标，完成更高的挑战。

> 高效沟通
> ▼

一种很酷很有用的沟通学问
——提高个体沟通力的九步 CT 脱困法

沟通理论中有个很有名的"沟通漏斗"模型,如图 5-9 所示:

我知道的 100%

我想说的 90%

我所说的 70%

他想听的 60%

他听到的 50%

他理解的 40%

他接受的 30%

他记住的 10%

图 5-9 "沟通漏斗"模型

这是因为在沟通的过程中可能存在的种种障碍，包括来自信息发送方的、信息接收方的以及来自信息传递环境与渠道的。

- 信息编码（表达）时：思维混乱、逻辑不清；用词错误、词不达意；不善言辞、口齿不清；居高临下或唯唯诺诺，态度或情绪有问题。
- 信息解码（接收）时：先入为主，选择性倾听；情绪不佳、信息失真；敏锐度不高，没有听出言外之意；因为害怕或担忧而不敢反馈或发问。
- 信息传递（渠道、氛围）上，诸如传递人数过多、环境或时机不对等因素也可能影响沟通的效果。

为更好地实现沟通的目的，我们需要从两个方面着手：一是提升个人沟通技巧，二是改善沟通环境与氛围。

提升个人沟通技巧

为提升个人沟通技巧，我们需要从沟通的关键环节入手。这些关键环节包括表达、倾听、整合与反馈。

一、表达

在我们进行表达的时候，最关键的是什么呢？

用两个字来概括——逻辑！

举个例子，你给上司汇报一件事情。

王总来电话说他5点钟不能参加会议。李经理说他可以晚一点开会，把会放在明天开也可以，但是10点半以前不行。张科长说明天较晚时间才能从北京赶回来。会议室明天已经有人预订了，但星期四还没有人预订。会议时间定在星期四 11 点之后似乎比较合适。您看可行吗？

领导本来就忙，听你讲一大段话，都不知道你讲了什么，最后听完了还需要自己重新对你表达的内容进行梳理。

这就是典型的说话没有逻辑，让别人抓不住关键和要点。

我们换成如下的汇报，大家感受一下。

我们可以将今天的会议改到星期四 11 点之后开吗？因为这样对王总和李经理都比较方便，而且张科长也可以参加，并且刚好只有本周四这一天会议室还没有被预订。

这样一来，你的上司很快就能搞清楚你说的是什么。

所以，我们该怎样锻炼语言组织能力呢？

1. 结论先行

先说你的观点和结论，这样别人可以很快把握住关键和要点，从而大大提升沟通效率。像上文这个例子，可以直接先抛出结论："能否把会议改到星期四 11 点之后开？"

2. 解释因果

当你推出结论的时候，别人肯定会有疑问：你是怎么得出这个结论的呢？有什么逻辑和依据？

这时候就需要进行解释，把其中的逻辑关系讲清楚。之所以得出结论 A，是由于 B。

3. 结构化思考

结构化思考的本质是分组和有条理性。有纵向答疑和横向结构：纵向答疑就是由结论开始，下一层次回答上一层次的疑问，这样不断深化；横向结构呢，则符合 MECE 原则，分组的时候，不同组之间应当相互独立而又完全穷尽。

提升表达能力的关键其实在于思考分析能力的提升。<u>语言是思维的外显，表达不清的根本原因就在于思维混乱</u>——想清楚了才能说清楚，说不清楚是因为你根本没有想清楚。

因此，我们讲话的时候，要先过滤，把要表达的资料过滤一下，浓缩成几个要点；并且一次表达一个，讲完第一个再讲第二个。

另外，注意使用双方都能听明白的字眼或词语，否则，那真是"秀才遇上兵，有理说不清"。现在流行的新媒体写作本质上就是这个道理。很多专业人士知识储备非常丰富，但就是"不说人话"。所以，写出来的文章别人都看不懂，这样自然没法吸引粉丝，更不用说传播和推广了。

二、倾听

有两个关键因素会不利于倾听：一个是以自我为中心，对别人的利益和需求漠不关心；另一个则是态度和倾听技巧，比如先入为主的态度以及一些不良的习惯。

如何提升倾听的能力呢？

第一步要做的就是集中精力，排除外部干扰，积极投入其中。环境和时机不佳，事情重要但不紧急的话可以事先安排好时间和地点，一旦开始沟通，则可暂时抛开其他事情。

接下来进行沟通的时候，一定要有开放的心胸，注意自身的情绪问题并克服偏见，不要急于下判断，这样才能为营造良好的沟通氛围奠定基础。

在沟通的过程中：首先，可多使用一些鼓励性的语言，自己少说多听，积极引导对方表达，不要随意打断对方；其次，可适当重复，适时适度重复对方刚才的观点；再次，即时回应和反馈，适时微笑并用语言响应"哇，真的吗？对！……"，不清楚的时候则发问并要求对方澄清；

最后,使用肢体语言,如微笑、点头、身体前倾等。

用一句话来总结就是"内化于心,外显于行"——真正具有开放的心胸和同理心(内),同时即时回应和反馈,使用肢体语言等(外)。

图 5-10 积极倾听的关键要素

三、整合与反馈

当人们进行沟通的时候,一方面意在倾诉,另一方面还是希望能够解决问题。这里介绍一个非常适用于辅导和教练的"九步 CT(critical thinking)脱困法",我在咨询过程中就经常用到这个"套路"。

比如,有一个女大学生与你沟通,并向你寻求帮助,因为她觉得"我的专业真没意思",你如何帮她走出困境呢?

- **悬置其情绪**

与困境和问题相伴随的往往是强烈的消极情绪,这些会阻碍她进行思考,所以第一步就是安抚她的情绪,让她冷静下来。

我们可以先保持耐心,听她诉说,然后引导她跳出情绪就问题本身进行分析:"我明白你的感受,也理解你,不过抱怨终究是没法解决问题的,所以,我们先冷静下来,想想具体怎么解决这个问题,怎么样?"

切不可一开始就指责、批评或讥讽。

- **还原其想法**

"困扰我们的往往不是事情本身,而是我们对事情的看法",因此,我们要做的第二步就是努力把她原以为的"事实"还原成"想法"。让她明白,这仅仅是她个人的想法,不一定是客观事实,"这个专业没意思应该只是你的想法,对吧,但事实上恐怕未必是这样"。

- **辨识其目的**

待她情绪缓和,也意识到这很可能只是她自己的想法之后,继续沟通:"你究竟想通过这样的想法或说法达到什么目的呢?对你的工作和生活是否有积极促进作用,还是只有消极的阻碍作用?"

- **分析其后果**

消极的思想会变成消极的事实,消极的事实会反过来进一步强化消极的思想,并最终形成恶性循环。所以,我们需要引导她去分析这种想法的后果,让她自己也警惕起来:"如果你一直抱着这样的态度或想法,很可能你就不愿意去努力学习、思考和钻研,到最后你会觉得专业越来越没意思,最后可能真的会什么都没学到,说不定后面找工作都是大问题……所以,重要的是,我们到底该如何来应对和解决,对吧?"

- **明晰其概念**

概念是理性思维的起点,概念模糊不清是导致思维混乱的一个重要原因。我们可以这样问她:"'没意思'是什么意思?真的是专业本身枯燥乏味,还是因为专业冷门?又或者是其他原因?"

- 澄清其问题

回到当下的问题"这个专业真没意思"上来。

显然，这样的问题表达方式过于抽象，因此也就注定无法进行清晰的思考并得到有效解答。为此，我们就需要"澄清问题"，以便让问题变得更加具体一些。

我们可以这样问她："从什么时候开始有这种感觉的？究竟是专业太难，学不进去，还是你不想好好学？到底是哪些方面让你觉得没意思？"

经过不断澄清之后，真正的问题也许才逐渐暴露出来。真正的问题暴露出来之后，很可能并不是我们原以为的样子，或者并没有想象中的那么严重。最重要的是，在这个过程中，问题的解决方案也很可能就随之浮现了。

- 质疑其理由

我们的观点背后一定有其理由。要想改变某个特定的想法，最好的方法就是来个釜底抽薪：我们可以找出支撑它的理由，然后审视和质疑其理由。

我们可以这样追问她："是什么让你觉得这个专业没意思？"然后进一步追问她："你说的这些理由真实可靠吗？支撑理由的理由是什么？"再追问："上述理由能推出这个绝对、夸大的结论吗？推理过程有没有不严谨的地方？"

有些时候，为了解决问题就必须揭露一些错误，一味回避是不行的，但在这个过程中我们需谨记，这样做的目的在于帮助其提升和改进，同时语气也要稍微委婉些。

- 改写其思想

帮助她把问题、抱怨转化为目标与新的积极的问题。假设她抱怨"这个专业真没意思"是因为考试成绩不及格，我们就可以这样来帮助她改变思想："那现在面临的真正问题是，如何去把这些课程重新学好。"

- **寻求好对策**

思想改变成功之后，接下来就可以引导她开动脑筋、积极寻找对策来解决现实问题了。这时可以引导她使用一些有效的思维方法，如结构化思考等。

以上就是"九步 CT 脱困法"的方法和流程，在这个过程中先把情绪处理好，并让对方意识到其观念或想法可能存在的问题及其消极后果，然后聚焦于问题本身，不断澄清、细化，发掘根源，寻求改进对策与方案。

改善沟通环境与氛围

所有的沟通不良都是人际关系不良的表象，所以，除了沟通的"术"，我们更应当注重沟通的"道"，即人际定位与原则。如果我们在与人相处的时候对人不礼貌，轻慢对方或是态度粗暴，那么，所有的技巧都无法奏效。

- 不礼貌：半听不听，东张西望，没有回应，摆弄物品或有其他小动作。
- 轻慢对方：继续自己的工作，中途接待他人，频繁接听电话。
- 态度粗暴：频繁打断对方，过早下结论等。

在组织内的上下级沟通中，最常见的沟通障碍是由双方地位差异造成的，尤其是"权力距离"相差较大的个体之间。

上司可能存在的沟通障碍包括自以为是、独断专行、喜听好话等；下属则相反，很容易因为对权威的畏惧而畏缩，有意见不敢表达，有问题也害怕咨询。

对上司而言，需要做的是放下身段去倾听，培养良好的情商，发挥同理心；对下属来说，则需要在尊重上司的同时主动进行沟通、反馈，有问题时不要害怕去咨询，甚至要求上级澄清。

最后，我们可以用一个公式来理解沟通能力：沟通力 = 准确理解对方 + 清晰表达自己，如图 5-11 所示：

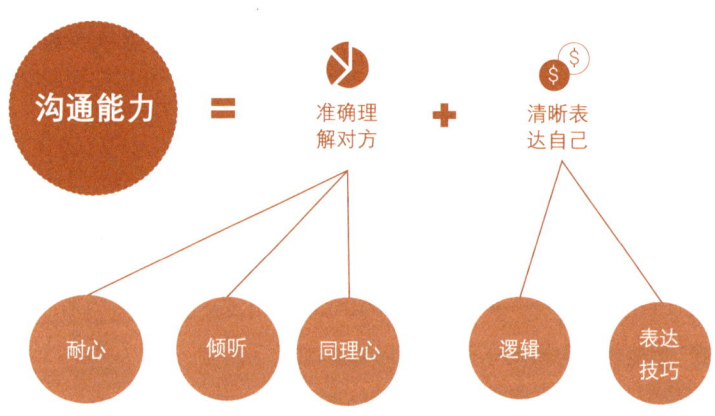

图 5-11　沟通能力的解析"公式"

▼

利用"互联网+",打造自己的品牌
——如何通过写作和输出等自我营销,实现弯道超车

在这个互联网时代,利用互联网进行更好的自我营销,是每一个知识型人才都可以考虑去做的事情。

我们该如何利用好"互联网+"

互联网的出现和兴起最大的作用之一,就是把价值传递的很多中间环节砍掉了,让价值创造者和消费者直接相连。

以出版一本书为例,传统的流程包括作者写书、出版社出版、印刷厂印刷,印刷完成之后线下售卖。有了互联网之后,就有了网络书店(如当当),它把线下门店销售这个环节砍掉了。而亚马逊 kindle 相较于当当书店进一步把印刷这个环节又砍掉了,根本不需要纸质书。到了起点中文网和知乎等网站,则连出版都可能不需要了,作者可以直接在上面写,读者可以直接在上面看,连出版社都快要被砍掉了。(摘自刘润文章《刘润:互联网+了,什么人会失业》,有改编。)

除此之外，互联网还打破了空间和时间的限制，在扩大规模的同时还能缩减成本。

以教师为例，一个老师进行线下教学的时候，一次课有100多人听差不多就是极限了，而且学生多半是本校的。但是，当他转为互联网教学的时候，成千上万的学生同时在线上课都不是问题，而且学生可以来自全国各地。

除了空间限制的突破，互联网还突破了时间方面的限制。

比如，我曾经在知乎上开了一个live，大约1小时的时间，课程售价是9.9元，当时卖了500多份，并且之后的每个月都有400~1000元的被动收入，预计还会一直持续下去。

当我们在职场中发展到一定阶段之后，不论是想创业还是打造个人品牌，掌握互联网营销的诀窍都是非常关键的，我们可以通过产品或内容吸引流量，聚集粉丝，然后尝试各种形式来变现。

不过，在推广引流之前，我们首先要问自己几个问题。

- 我的目标客户是谁？
- 他们有什么样的共同特点和需求？
- 他们喜欢或需要什么样的内容、产品或服务？
- 我的擅长点是否能满足他们的需求，如何来满足？
- 他们聚集的地方在哪里？主要有哪些适合的渠道？

以我自己为例，我的目标客户主要是年轻人，他们对于学习成长、个人提升有需求，对职业规划、求职面试技巧等方面的产品有需求。而我相对还算比较擅长这个领域。我的目标客户主要活跃在知乎、豆瓣、微信公众号、QQ和一些求职网站。所以，我需要去这些地方通过内容来持续引流、聚集粉丝，提供产品和服务。

一些典型互联网渠道的利用诀窍

对于那些想打造自己品牌的职场人士，这里推荐的重点媒体平台主要有微信公众号、知乎、豆瓣、简书、百度文库和今日头条旗下的悟空问答，以及一些专业网站，如考研论坛、应届生求职网、管理论坛等。

你可以以微信公众号为后方阵地，以知乎、豆瓣、简书和今日头条等为引流渠道，不断从各方渠道引流到自家微信公众号，形成一个"自媒体矩阵"。因为你在其他渠道上宣传就类似于你在一个广场上发表演讲，人流量大，但人来人往，忠诚度不够；而微信公众号就类似于你的私人地盘，人们在一个封闭的地方听你演讲，具有封闭性和私密性的特点，甚至对那些不听话的你还可以"关他进小黑屋"。在这里很容易培养粉丝的黏性和忠诚度。

微信公众号的运营除了高质量的文章，站外导流也很关键。那么，怎样才能更好地进行站外导流呢？

我们以知乎为例，先看一个反面例子。

问题：有名的人力资源咨询公司有哪些？

某公司的一位员工就直接在下面回答："人力专业，尽在某某（他就职公司的名字），欢迎联系我们。"

这显然是行不通的，而且效果可能适得其反。下面这个回答与上面的则形成了鲜明的对比。

看到有人问国际顶级人力资源咨询公司的问题，我在某家国际顶级人力资源咨询公司工作过两三年，觉得有必要开个帖子给大家介绍一下，以下观点纯属我的个人见解。

首先，关于国际顶级人力资源咨询公司的范围，就我的理解毫无疑问有四家。

…………

先介绍了自己的情况，然后对问题本身进行了详细的分析，给出了自己的意见或建议，但同时强调只是个人意见。

这样一来，就能够很好地满足"客户"的需求，充分凸显其价值了，如果这个时候在文末放一个微信公众号的名字，引流就是水到渠成的事情了。

所以，我们必须始终记住最根本的一条：内容为王，价值为本！

但是，这个回答的赞同数仍然不是很高，这是为何呢？

因为关注人数本来就少啊！

这就像你在一个小广场发表演讲一样，讲得再好也就只有这个广场里的人（关注这个问题的人）知道，其他人无从知晓。

所以，我们必须选择那些关注人数多的问题去回答，这样才能更有成效。

这样一来，总体原则和策略就出来了：选题应当是自己擅长的，回答才能"有料"；问题必须是大众化的，多数人关注的，才能增加曝光度；在网上写文章毕竟不是写学术论文，所以，行文不能太枯燥，应尽可能做到"有趣"。

有人可能会讥讽道，"至于吗，随便写写，娱乐一下就行""又来贩卖了，还留个二维码""本来挺好的，看到文末的微信公众号就有点反感了"……

对于这类的言行，我们一定要保持好的心态，拥有厚如城墙般的脸皮。我们必须认清这样一个事实：不论你做什么、做得如何，总有人不满意，甚至瞎喷……你可以选择忽视他们，并将注意力集中在那些积极的评论和反馈上。

不值得为这些人浪费哪怕是一丁点的时间和精力！

像知识网红一样写作和输出

在所有的环节中，最关键的就在于内容的写作和输出了。

其实"罗辑思维"的一句话就概括得挺好："有种，有趣，有料"。

- "有种"与用户情绪有关，如喜爱、恐惧、哀伤和愤怒。
- "有趣"是指呈现的文风，就算是有深度的内容也不能搞成学术论文的模样。
- "有料"则与内容的深度和作者的底蕴有关，涉及能给受众提供什么样的价值。

具体来说，我们可以从标题、提纲、细节及修改四个方面着手。

一、标题的写法

标题取得好，就成功了一半。

取标题是有技巧的，常见的"套路"如表5-11所示：

表5-11 自媒体标题拟写方法

拟写方法	示例
名人效应	从"跑男"杨幂的反应，看一个人的性格与情商
"干货"福利	细数iPhone X的九大实用功能
巧用数字	朋友圈的十大谣言，你信了几条
八卦猎奇	起底那个逼死程序员的女人
制造悬念	1949年跟踪拍摄的纪录片，揭示了一个残酷的真相
情感触动	为什么很多人辛劳一生，还处在社会最底层

标题并没有什么严格的限定，只要能激发读者兴趣即可，但不能取得过于"学术化"，让人根本就没有阅读的欲望。

比如，"岗位价值评估的八大要素"这种标题的文章估计只有极少数业内人士才会点击阅读，把题目改为"什么决定了一个人的收入和待遇？此文说透"，效果立马大变样，同样，"批判性思考的三个关键技巧"，也不如"掌握这些规则，让你的思考从本能进化为技能"来得有吸引力。

取标题有个"捷径"，那就是观察和模仿爆款文章的标题取名，以及问答社区那些关注人数非常多的问题，如以下题目。

- 一个精英的诞生，家庭因素有多大？
- 为什么很多人辛劳一生，仍然处在社会底层？
- 贫穷有多可怕？
- 你有哪些独到的识人技巧？

二、提纲的梳理

以我回答"怎么追女生"为例：首先，我以新闻"999个柚子摆成心形向大四学姐表白遭拒"引入，吸引读者兴趣；其次，把追女生的过程与营销类比，道出二者的一致性；最后，以营销的四个步骤为本，重点阐述分析。如图 5–12 所示：

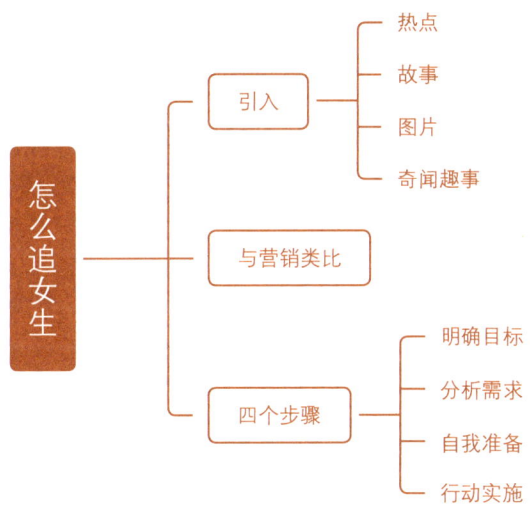

图 5-12 自媒体文章写作框架示例

三、细节的充实与完善

只有提纲和架构肯定是行不通的，细节的充实和完善更是关键。

其实就四个部分：ABCD。

A. 是什么；B. 为什么；C. 怎么办；D. 举例（故事）。

以上文的"怎么追女生"中的四个步骤为例，第一步是明确目标，这部分涉及的内容包括"明确目标是什么意思""为什么要明确目标""如何来更好地明确目标""能否举个例子来更好地说明"。

这个例子中的四个问题并不一定都要详细说明，因为在这里，"是什么""为什么"都很好理解，所以，一带而过即可。但是，"怎么办"，即"如何来更好地明确目标"就相对抽象了，所以需要重点讲解。因此，文章中提出了对一个人评价的三个维度——长相、财富和性格，并且用一张图来更加形象地进行说明。

其他三个步骤也类似，无非是 A、B、C、D 四个问题的循环嵌套和具体说明，当然，为了更加形象生动，可以辅以图表、案例和故事等。

在实际的写作中，A、B、C、D是可以灵活应用的，并没有严格的顺序。在我的所有高赞回答中，基本上都是从故事或新闻切入，辅以大量素材、案例、图片和故事，而那些真正有深度却又比较枯燥的"干货"，阅读量和转发率都是很低的。

四、检查、修改与完善

架构完成，细节充实，初稿基本成型，接下来就是检查、修改与完善了。

除了纠正错别字和优化排版，自己阅读并细细体味还是很有必要的。

假装自己是一个读者，在看一个陌生作者的文章，想象一下自己会有怎样的体悟和感受：如果自己读着都不满意或者没感觉，恐怕别的读者也很难满意；反之，自己觉得很满意的，效果一般比较好。

这里要特别注意的就是对细节的完善，一定要充分利用ABCD法则，对于一些比较晦涩的地方想方设法进行优化，以图片或图表代替，或者是增添故事、细节，必要的时候调整顺序，先举例讲故事（D），然后再进行分析或逻辑推理（ABC）。

社群运营与维护

如何来运营好一个社群呢？

其实无外乎三个问题：拉新、活跃、变现。

一、社群如何拉新

在回答这个问题之前，我们必须思考以下几个问题。

- 我们社群的定位是什么？目标何在？目标群体又聚集在哪里？
- 我们的社群能为成员提供什么价值？

1. 社群目标和目标群体

建立社群之前必须搞清楚社群的目标和定位，这样我们才能够提升群体凝聚力并为群体带来某些价值，否则群体没有存在的必要，也无法长久。

有了目标之后，目标群体就能够明确下来了。接下来，我们就可以寻找目标群体聚集地，吸引他们过来了。

比如，职业规划和个人成长，主要目标群体是职场年轻人，这些人聚集的典型渠道包括求职网站、知乎、考研论坛、出国论坛以及线下各大院校等。

2. 社群提供的价值

一个社群能提供的价值无非是两类：一类是内容价值，另一类是资源价值。

以"思维灯泡"社群为例，此社群聚焦于青年人才的职业规划与学习成长，能够提供的价值包括以下两个方面。

- **内容价值**：为成员提供职业规划、思维提升、求职技巧、职场发展的"干货"文章、培训课程及咨询服务。
- **资源价值**：通过社群认识更多志同道合的朋友，结识各个行业的专业人士，获得更多的外部机会。

明晰了社群定位和目标群体特征与聚集地，以及社群所能提供的价值之后，我们就可以通过各种渠道进行引流了。

但一定要注意是营销而非推销，先把内容做好，而后恰如其分地在末尾留下联系方式，也可以将微信公众号作为后方阵地，最后从微信公众号引入社群。

在"拉新"的阶段，我们不应当盲目追求数量。相反，我们应当设立相应的门槛，或者进行分类管理：有一部分是没有任何门槛的，类似于"蓄水池"；有一部分则有严格的门槛，需要精心设计和维护。

因为我们在入群阶段设置的筛选和挑战门槛越高，后期流失率反而会越低；相反，没有任何门槛会导致成员质量无法保障，最后甚至出现"劣币驱逐良币"的现象，使整个社群乌烟瘴气。

常见的初始门槛设置方法包括特殊邀请制、付费入群等。

二、如何活跃社群

社群的运营与活跃，从成员进群的那一刻就正式开始了，即社群规则的强调。

群规初期可以由群主初步建立，后期根据具体情况逐渐听取群员意见，进行讨论并达成一致之后再去执行。

当然，持续的"干货"输出、线上线下活动及内部利益共享才是社群生命力的源泉。常见的输出形式有线上的图文、音频和视频，以及线下的培训、咨询、分享会等活动，输出的平台主要有知乎、微信公众号以及依托于微信公众号的小鹅通、千聊、分答和小密圈等。

特别值得一提的是，要注意筛选并培养好初期种子成员，甚至逐步打造自己的虚拟团队。

在我们建立社群之初，第一批"种子"是非常关键的，要争取找到第一批种子用户，而且是有共同价值观、目标和追求的，而不是一群毫无关联的群体。此外，还可以着手"优中选优"，选拔和培养自己的"虚拟团队"，因为一个社群的长期发展肯定离不开持续运营，而持续运营的背后，一定是一个团结而高效的团队。

一定要尽早从粉丝中发掘并培养自己的核心成员。我们要实现突破和进阶，就不能仅靠个人的力量，而是要依赖他人和团队的力量。

三、社群如何变现

如何变现，这是一个很实际的问题，我们不可能花那么多时间和精力去运营社群却不求回报。

实际上，真正的聪明人知道，唯有交易才能长久，没有回报的付出是不可能持续的。所以，"变现"是社群绕不过去的坎儿。

变现的方式是多种多样的，这里总结了五种变现方式，如图5-13所示。

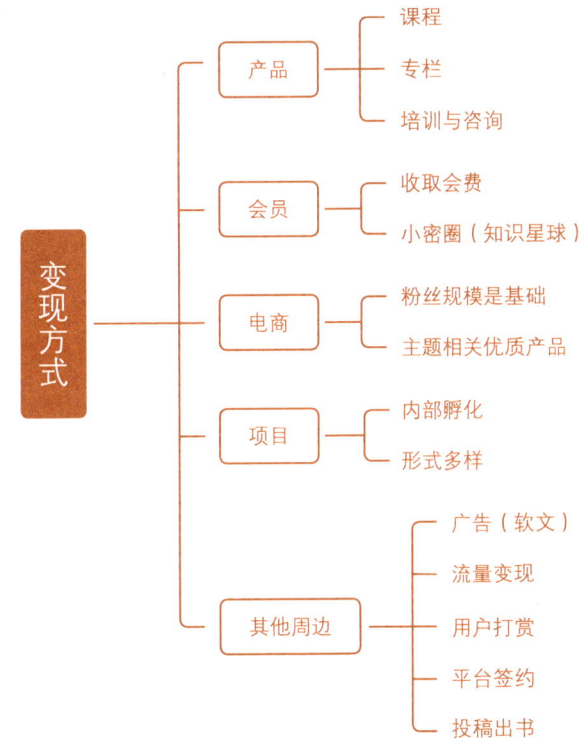

图5-13 社群变现的方式

当然，欲速则不达，社群规模还不够的时候可以先以免费或者优惠的方式去吸引更多成员。比如滴滴等，前期通过免费或优惠的方式吸引用户，后期生态打造好之后就不再免费了。

利用自我营销，实现弯道超车

营销能力是一个人的核心竞争力。

在互联网时代下的今天，学会利用互联网更好地进行自我营销，是我们突出重围、弯道超车的一个重要方法和技巧。

在这个过程中，要把握以下几条。

- 找到自己的方向或领域，潜心积累，厚积薄发。
- 充分树立互联网营销的意识，结合自身专业或领域，寻找关键渠道和平台，研究其规律，并打造自媒体"矩阵"。
- 不断进行内容写作或输出，内容写作上尽可能做到既有深度又便于理解，以激发读者共鸣并有效传播。
- 借助产品和内容运营好社群。
- 盘活社群资源，探索多种变现形式。
- 从铁杆粉丝中努力发掘、培养自身虚拟运营团队，突破个体的局限。

当然，这个过程并不容易，但它值得我们为之付出更多，不管是时间上的还是心智上的。

批判性思考与终身职业生涯发展
—— 思维方式和性格特质是人与人之间最根本的差别

我们需要花费很多的时间和精力去培养自身的批判性思考能力，除了掌握一些批判性思考的方法和技巧，更重要的在于培养一种良好的思维习惯。

- 有探究精神，不只是看表面。
- 心态开放，不轻易否决和自己不同的观点。
- 能独立思考，理性客观，不盲从，不太受外界影响。
- 深思熟虑，不盲目自信，没有足够根据不轻易下结论。

当然，习惯的背后则是根深蒂固的人格特质，包括主动性、独立性、坚忍、自信和勇气及思想开放。

- **主动性**：积极主动进行思考，而非被动接受知识，希望读者朋友们也能对本书进行主动思考和批判借鉴。
- **独立性**：对各种流行观点和看法进行理性思考，不人云亦云，不惧权威。

- **坚忍**：思考的过程不是一蹴而就的，需要耗费大量的时间和精力，还会遇到各种困难，在困难面前不放弃，这是至关重要的。
- **自信和勇气**：凡事讲究逻辑，有"证据意识"，对自己的能力充满信心，相信自己的分析和判断。
- **思想开放**：开放、包容，虚心接受不同的意见和建议，不会固执己见，而是视别人指出自己的错误为改进的机会。

我一直坚信思维方式和性格特质是人与人之间最根本的差别，也是决定一个人能走多远、取得多大成就的最根本的内在因素。

《幸福之路》这本书中有这样一句话："没有通往幸福之路，幸福本身就是一条路。"幸福如是，职业生涯亦如此。

职业生涯是一段绵延不绝的旅程，可不少大学生，20岁左右走出校园，却变得不思进取了，他们似乎觉得大学教育一结束，就可以完全告别学习了。但事实上，20岁之前的大学学历教育，人与人之间并没有多大的差距，20~30岁才是人生的分水岭。35岁左右一个人的人生轨迹则基本上定型了，35岁以后更多的是靠过去的积累，没有积累谈转型或是突破就有些奢谈了。

愿你不负时光，如此，时光也不会负你！